정통 발맛사지와
담뱃불뜸

사 람 사 이 로

머리말

. 발바사지는 몸과 마음에 휴식을 취하도록 하여 다시 활기찬 삶으로 재충전시켜 주고 생명을 연장할 수 있는 매력적인 마사지법이다.

또한 남녀 노소 누구나 손쉽게 누구의 도움 없이도 혼자 할 수있고 시간과 장소에 구애 받지않는다.

발이 생명력에 작용하는 신비적인 힘. 발이 숨기고 있는 위대한 힘으로 목숨을 지키는 힘은 기적이 아니라 간단한 원리다. 그러면서 발은 풍부한 표정으로 그 사람을 말해준다.

발에는 과거 현재 미래의 병력이 쓰여저 있으며 많은 정보를 전달한다. 특히 이 책에서 소개되는 발마사지를 하루 20분씩 꾸준히 하면 어느새 건강을 되찾은 자신을 발견하게 될것이다.

필자는 30대 때 혈기가 왕성했고 그동안 합기도 고단자로 의협심이 강해서 경우에 어긋난 일에는 참지 못했다, 그러던 어느날 야외에서 고등학생 20 여명이 모여서 담배를 피우길래 학생들이 담배를 피우면 되나 더구나 담배는 인체에 크게 해롭다고 말을 던지자 말도 떨어지기전에 어딘선가 몽댕이가 날라와 내 눈을 강타하면서 내가 쓰고 있던 안경이 떨어지면서 쓸어졌다. 그러나 그들은 공격을 멈추지 않고 나에게 집중 공격을 가했고 나는 어쩔 수 없이 손을 쓸 겨를이 없었다. 마침내는 병원에 실려가 진단 결과 원래가 눈의 시력이 나쁜데에다 눈을 맞아 실명이되어 도저히 고칠 수 없다는 진단이 나왔다. 여러 병원을 찾았으나 한결 같았다.

그러던 어느날 기도원에 가서 열심히 기도를 하면 실
명을 면할 수있다는 말을 듣고 마침내는 죽기를 각오하
고 금식기도 3일을 하자 눈에 혈기가 도는 듯 기분이 좋아지자 이어 1년동안 꼬박
기도원에서 기도만을 했다. 끝내는 다치기 전보다 더좋아져 지금은 안경도 안쓰고
정상적인 생활을 하고 있다.

　　역시 이것은 기적인가?. 그렇지 않다 자신의 믿음과 수련인 것이다. 지금은 영안
까지 통찰했고 그후 나는 노인들을 위해 대체공학을 배우고 연구하여 수기요법으
로 많은 노인들의 병을 다스려 주고 있다. 특히 중국을 비롯해 대체의학의 유명하
다는 곳은 다찾아가 배우고 연구하여 왔다.

　　발 하면 우리는 가장 더러운곳으로 별로 생각하지 않는다. 하지만 우리의 발에는
고귀한 건강의 흑진주가 숨어 있다는 사실을 이책을 통해 알 수가 있을것이다. 필자
는 무엇보다 발에대해 집중적인 연구들 거듭했고 상대방의 발바닥만 보아도 부모
와 제2세대의 집안 식구들의 병명을 찾아낼 수가 있다.

　　이책을 보면서 무엇보다 중요한 것은 자신의 마음 가짐을 굳건히 해야 할것이다
한두번 성의 없게 발마사지나 담배불뜸을 하고 병이 낳겠다는 마음은 버려야한다.
마치 젖은 장작개비에 불을 짚히듯 끊기있게 꾸준히 마음 속으로 좋아지고 있다고
생각하고 느끼면서 실시하면 큰 효과들 볼것이다.

저자 / 이현민

정통 발 맛사지와 담뱃불 뜸

초판 인쇄 / 2010년 1월 5일
초판 발행 / 2010년 1월 5일
초판 2쇄 발행 / 2014년 7월 5일

엮은이 / 이현민
감　수 / 안홍열
발행처 / 사람사이로

등록일자 / 2014년 1월 9일
등록번호 / 301-2014-084호
주소 / 서울 중구 마른내로 4가길 5
전화 / 02) 978-3784

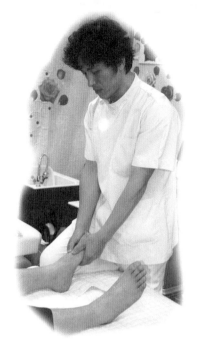

CONTENTS

제1부

발마사지와 담뱃불 뜸의 그 이론과 요령

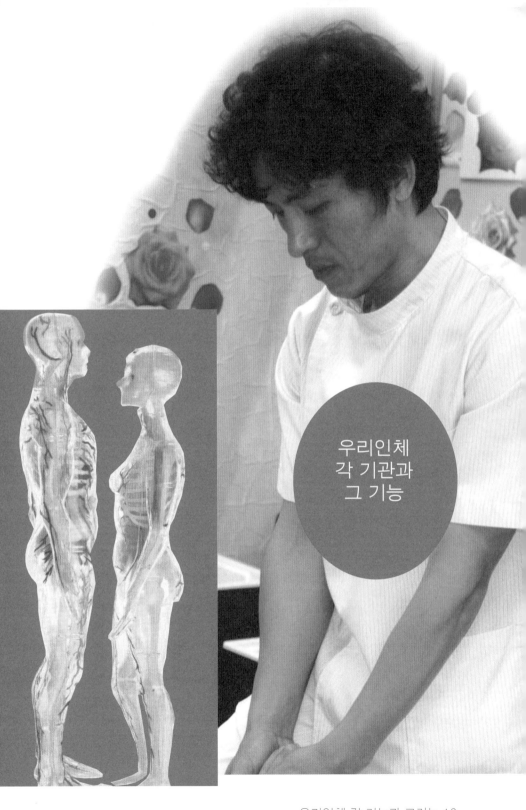

우리인체
각 기관과
그 기능

발이 생체에 미치는 영향

■ 위의 기능

우리 몸의 위는 식도에 이어지는 주머니 모양의 근육성 기관이며, 소화관중에서 가장 넓고, 신체의 정중선에서 약간 좌측으로 치우쳐 있다(좌측늑골 하부에 위치해 있다.)

입에서 들어온 음식물은 식도를 거쳐 위의 본문으로 들어와서 위에 쌓인 다음 위액인 염산, 효소 등으로 단백질 등을 소화시킨다. 특히 위의 주된 분해 효소 펩신(Pepsin)은 위의 주세포에서 분비되어 단백질을 분해하며, 또한 강한 산성(위 벽세포에서 분비되는 염산)에 의해서 활발하게 소화작용을 할 수 있다.

위에서 분해한 음식물은 소화액으로 섞어 죽같이 만든 후에 유문을 통하여 12지장으로 보낸다. 위의 음식물을 12지장으로 보내는 유문은 위의 내용물의 배출을 조절하며, 또한 배출한 내용물이 12지장에서 위로 역류하는 것을 막는 작용을 한다.

위병이 생기면 오한을 느끼고 하품을 자주하며, 얼굴빛이 누렇게 되고 입이 부르트며, 목이 붓고, 명치 아래가 붓거나 통증 및 답답하고, 배가 차고, 복부 팽창도 나타나며, 또한 위경련, 식도경련, 위냉증, 빈혈, 사지수족의 냉증, 야맹증, 대식증, 구토 증세, 트림, 구내염, 위염, 위산과다증, 치통이 있으며, 오랫동안 위병을 방치하면 당뇨병, 안면신경통, 피부 습진 등 전신의 질환으로 확산된다.

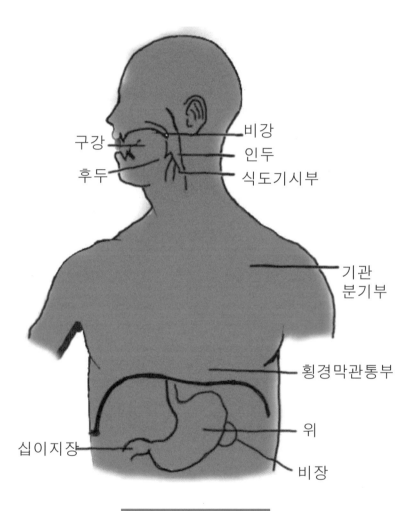

구강   비강

        인두

후두   식도기시부

기관
분기부

횡경막관통부

위

십이지장   비장

식도, 위, 비장 그림

■ 소장의 기능

소장은 복부 중심에 자리잡고 있으며 위의 유문에서 연결되어 시작되며, 소장을 3등분하면 12지장을 거쳐서 공장, 회장을 지나 대장까지 보통 6-7m 정도의 길이로서 원주의 긴 관이다.

12지장은 공장, 회장과 기능이 구별되어 별도 취급한다.

소장은 소장 내에서 분비하는 액과 소화액(담액, 췌장액)으로 단백질은 아미노산으로, 지방은 지방산 또는 글리세린으로 분해하고, 탄수화물은 단당류(포도당)로 분해한다.

또한 소장은 영양소 흡수면적을 넓히기 위해 소장내 벽은 무수한 주름으로 되어 있고, 주름 표면은 영양소를 흡수하는 작은 돌기(장융모)로 조직되어 있다.

소장의 기능은 내용물을 소화시키고 영양분을 흡수한 후 찌꺼기는 회맹관(소장과 대장을 연결하는 관으로서 대장에서 소장으로 역류하는 것을 방지한다)을 통하여 대장으로 보내는 곳으로서 소장은 일종의 정교한 식품가공 공장이라고 할 수 있으며, 전신의 세포에 영양분을 보내주고, 인체의 생명 유지에 절대 필요 요소인 에너지의 공급원이라 할 수 있다. 내용물의 통과시간은 일반적으로 3-8시간 정도이다.

소장에 병이 생기면 목 통증, 어깨통증, 턱이 붓고, 귀울림 현상이 있다.

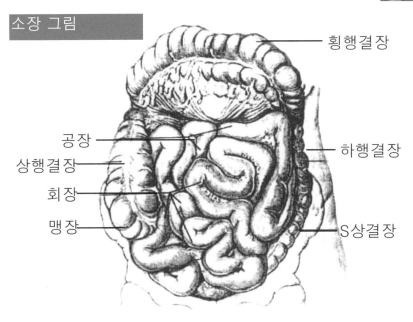

횡행결장

공장

상행결장

회장

맹장

하행결장

S상결장

■ 대장의 기능

대장은 소장에 연속되는 소화관으로 복부 하단의 우측에서 시작
하여 복부 상단에서 좌측으로 횡행한 후 다시 좌측 하단까지 내려
오는 ㄷ자 모양이며, 맹장, 상행결자, 횡행결장, 하행결장 및 S상결
장, 직장, 항문으로 구분되어 있다.

일반적으로 지름 7.5cm이며 길이는 1.5cm 정도이다. 소장에서
들어온 음식물의 찌꺼기에서 다시 수분을 추출하고 일반적으로
12시간 이상 보관하며 메탄가스 등을 방출한다.

대장에병이 생기면 복통, 설사 변비, 숨이 차고, 답답하며, 입이 마르고 코가 막히거나 혹은 어깨 통증, 치통, 손가락 통증, 만성감기, 불면증, 두통, 식욕감퇴 등이 생긴다.

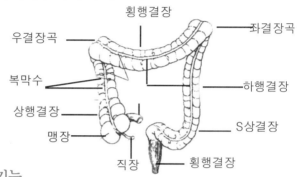

대장그림

횡행결장
우결장곡
좌결장곡
복막수
하행결장
상행결장
S상결장
맹장
직장
횡행결장

■ 췌장의 기능

췌장은 앞부분과 중간부분이 12지장으로 감싸어 있으며 끝부분은 비장에 접하고 있다. 일반적으로 남자가 더 크다. 길이는 15-25cm이고 폭은 3-5cm이며 무게는 70-100g 정도이다. 췌장은 도관을 가진 외분비선인 췌액(소화효소를 대량 함유한 액)을 분비시켜 소장 내의 진실한 소화가 이루어지게 하는 기능과 내분비선인 랑게르한스샘이라는 세포집단으로 인슐린과 글루카곤을 분비한다.

췌장병은 인슐린 양의 감소로 인한 당의 흡수력이 약해져 고혈당 증세인 당뇨병이 발생하며, 인슐린 분비가 너무 과해도 저혈당 증세가 발생된다. 또한 소화기계통의 기능 장해, 만성 췌장염 등이 있다.

췌장
십이지장

십이장과 췌장

■ 십이지장의 기능

우리 몸의 십이지장은 소장 상단의 일부분이지만 소장의 기능과는 별도의 기능을 수행하므로 별개의 장기로 구분한다. 위의 유문으로부터 손가락 12개의 폭(약 25cm)이라 하여 12지장이라 부른다.

C자형으로 구부러져 췌장을 감싸고 있으며, 상단 10cm 정도 부위에 소화액인 담액관 및 췌액관과 연결되어 있다. 12지장은 지방산, 탄수화물, 당, 비타민, 무기질 등을 분류하는 기능을 갖고 있다.

십이지장 병은 십이지장궤양, 식욕부진, 복부팽만 등이다.

■ 담낭의 기능

우리 몸의 소화효소를 활성화시키는 담낭은 간의 하단에 약간 우측으로 붙어 있는 작은 주머니 모양으로 쓸개라고도 한다. 간장에서 나오는 담즙을 일시적으로 담아두는 작은 주머니라고 표현할 수 있다.

담낭의 기능은 간에서 보내준 담즙을 저장 농축하였다가 음식물이 체내에 들어오면 담낭은 총담관을 통해서 12지장으로 담즙을 내보내어 소화를 도우며 지방질 등의 퇴적물을 씻어 준다.

담에 병이 생기면 입 안이 쓰고, 한숨을 자주 쉬며, 가슴과 옆구리의 통증, 발 등이 뜨거우며, 뒷머리에 통증, 신경통 등의 현상이 나타난다.

■ 간장의기능

우리 인체 최대의 선(gland 샘)으로서 복부 우측 상단을 거의 차지하고 있으며, 갈빗대의 보호를 받고 있는 우리 몸 속에서 가장 큰 장기이다.

일반적으로 무게도 1Kg 이상으로 장기 중에 제일 무거우며, 일명 과묵한 장기로 불리울 정도로 80%가 손상되거나 없어도 정상적인 기능을 유지할 수 있기 때문에 소홀하게 생각하기 쉽다. 일반적으로 간이 아주 악화된 상태에서 감지되어 치료를 받음으로 중증인 경우가 많은 실정이다. 500여 가지의 일을 하는 복잡한 장기로서 설명을 할 수 없을 정도로 너무나 다양하고 중요한 기능을 갖고 있으므로 고도의 화학공장이라 표현할 수 있다.

12지장 및 소장에서의 소화효소들을 활성화시키는 담즙을 생산하며, 또한 인체가 활동할 수 있는 연료공급을 해주며, 음식물 소화를 돌봐 주고, 각종 영양소를 제조 또는 보관해 준다. 특히 독소를 해독해 주고, 조혈작용을 도우며 인체에 필요한 항체도 생산하는 다기능 장기이다.

간에 병이 생기면 우측 갈빗대 하단부에 통증, 얼굴에 황달이 생기며, 쉽게 피로하며, 시력이 감소하고, 심한 갈증, 아랫배가 당기며, 양 옆구리에 통증

간장과 담낭 그림

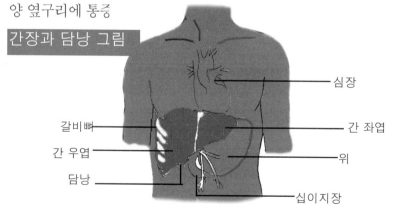

- 심장
- 갈비뼈
- 간 좌엽
- 간 우엽
- 위
- 담낭
- 십이지장

■ 폐의기능

생존유지의 기본 요소인 호흡을 주관하는 폐는 좌우측 가슴에 자리잡고 있으며, 우측 폐는 상엽 중엽 하엽으로 구분되어 있고 좌측 폐보다 크다. 좌측 폐는 상엽 하엽으로만 되어 있다. 좌우 폐의 내측면은 심장을 감싸듯이 마주보고 있으며, 양폐의 사이에는 기관지, 폐의 정맥관 동맥관 및 신경 림프관이 있다.

폐는 근육이 없기 때문에 숨을 마시면 늘어나고 숨을 내쉬면 줄어드는 수동적인 역할을 한다. 폐는 몸 안에 있지만 밖에 있는 것과 마찬가지이다. 그 이유는 호흡을 할 때 각종 환경적인 위험요인과 오염물질을 그대로 흡입하기 때문이다. 폐의 중요 구조는 벌집처럼 다닥다닥 붙은 아주 미세한 폐포(공기 주머니)로 구성되어 있다.

폐포는 직경 0.25mm로 폐포수는 일반적으로 3억개 정도이며, 폐포벽에 있는 모세혈관망에서 혈액과 가스 교환작용을 한다. 코로 공기를 흡입하여 기관지에서 좌우 기관지로 갈라져 좌우 폐로 각각 들어가 혈액에 공급하며, 또한 인체에서 생긴 이산화탄소 등을 밖으로 배출하는 기능을 수행하므로 생명 유지의 기본을 담당하는 역할을 한다.

폐에 병이 생기면 권태감, 원기부족, 식은 땀, 어깨 결림, 가슴이 답답하고, 손바닥에 열이 나는 증상이 나타난다.

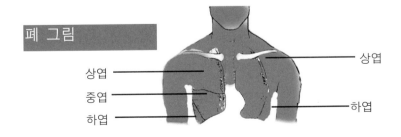

폐 그림

상엽
중엽
하엽

상엽
하엽

■ 비장의 기능

우리 몸의 비장은 위의 좌측에 있으며 납작한 타원형으로 길이 12cm, 폭 5cm정도이며 무게는 보통 170g 정도이다. 거의 피막으로 덮여 있으며 내측면 중앙에 혈관, 신경 등의 출입구가 있다.

비장의 기능은 임파구를 생산하여 식균작용을 하며 적혈구의 저장 및 파괴, 항체 생산 등의 기능을 한다.

비장병이 생기면 출혈성 질환, 위통, 헛배가 부르며, 트림을 많이 하며, 가슴이 답답하고, 명치 끝에 통증, 몸이 대체로 무거운 감을 느낀다.

비장그림

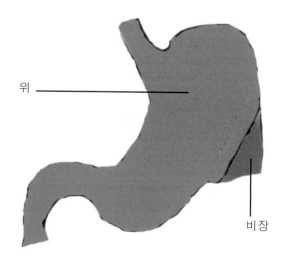

위 ————

비장

■ 심장의 기능

 우리의 심장은 가슴 한가운데서 좌측으로 치우쳐 있으며 온몸에 혈액을 공급하는 기관으로서 우심실 우심방, 좌심실 좌심방으로 구성되어 있다. 실제 펌프작용은 좌 우 1개씩만 작용한다. 한번 펌프작용은 보통 0.3초 걸리며 0.5초를 쉬고 다시 펌프작용을 한다. 심장은 많은 영양분을 소비하며 힘센 근육으로 구성되어 있다. 혈액을 전신으로 밀어주는 역할을 하는 심장은 생명유지의 원동력이다. 심장에 병이 생기면 협심증, 심계항진, 심근경색, 혀가 굳거나 가슴에 통증, 심한 갈증, 얼굴에 발열 현상, 자주 놀라며, 혈액순환 장애, 호흡 곤란 등이 나타난다.

심장 그림

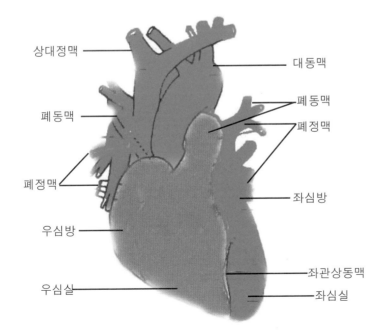

■ 방광의 기능

　방광은 치골 결합 부분에 자리잡고 있으며 두꺼운 벽을 가진 장기로서 괄약근이라 부르는 2개의 밸브를 갖고 있으면서 방광이 팽창하면 1개의 밸브가 자동적으로 열리며 다른 1개의 밸브는 자기의 의사 결정에 의하여 소변을 배출한다.
　방광의 용량은 개인차가 있지만 일반적으로 500cc정도이다. 방광의 병은 뒷목이 경직되며 통증도 수반되고, 중추 통증, 허리 통증, 요도 통증, 하복부 통증 등의 현상이 있다.

신장과 방광 그림

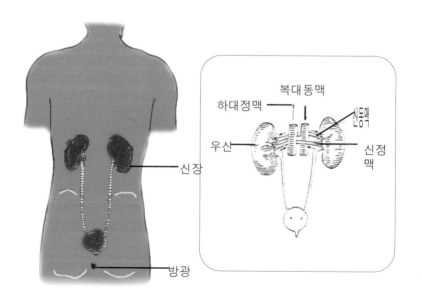

■ 신장의 기능

신장은 우리 몸 좌우측의 늑골에 닿아 있으며 암적색을 띤 큰 콩 모양이다. 길이는 보통 10cm, 폭이 5cm정도이고, 무게는 일반적으로 120g 내외로서 주먹 크기 정도이다.

신장에는 여과장치가 있어서 인체에 필요한 것은 재흡수하고 불필요한 것은 수뇨관으로 배출시켜 방광으로 보내진다. 즉 인체의 수분의 양도 조절하며, 혈액의 지나치게 산성화하거나 지나친 알카리화 하지 않도록 감시하는 기능도 있다.

신장에 병이 생기면 신장결석, 가슴이 두근거리며, 목구멍이 붓고, 다리에 기운이 없으며, 전신의 무기력증, 허리통증 등의 현상이 생긴다.

신장 그림

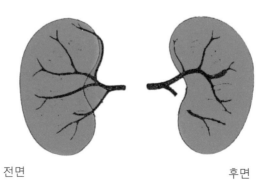

전면   후면

■ 심포의 기능

심포는 뚜렷한 실체가 없는 것으로서 심장을 둘러싸고 있는 겉부분이라고 할 수 있다. 동양의학에서는 6장 6부의 1개의 장기로서 중요한 부분을 차지한다.

심포에 병이 생기면 가슴이 두근거리며, 얼굴이 달아오르며, 손에 열이 나며, 겨드랑이가 붓고, 심한 경우엔 가슴과 옆구리에 답답한 현상이 생긴다.

■ 삼초의 기능

삼초는 현대 서양의학에서는 취급하지도 않고 인정도 안 하는 장부로서 이름은 있지만 형체가 없는 기관이다. 상초, 중초, 하초로 구분하여 상초는 목 밑에서 명치까지, 중초는 명치부터 배꼽까지, 하초는 배꼽에서 치골까지로 3등분한다. 상초는 호흡 순환계를, 중초는 소화 흡수계를, 하초는 비뇨 배설계를 주관한다. 삼초에 병이 생기면 귀가 잘 안 들리고, 목구멍이 붓고 통증, 식은땀이 나며, 복부 위쪽이 딴딴하게 굳는 현상이 나타난다.

■ 대뇌의 기능

뇌는 간과 더불어 인체에서 가장 큰 기관으로 수십억의 신경세포와 그 이상의 신경교세포로 이루어져 있다. 뇌의 무게는 성인의 경우 약 1.5kg으로 일반적으로 남성이 여성보다 크다.

뇌의 신경세포는 출생 후 수개월간 유사 분열하여 증가하지만 그 이후는 세포의 수는 증가하지 않는다. 특히 임신기간의 영양실조는 출생 후에 심각한 영향을 받을 수 있다.

뇌의 성장은 대부분 9세까지이며 18세 경에 최대가 된다. 뇌는 대뇌, 간뇌, 소뇌, 그리고 교, 연수 등 6개의 주요 부분으로 이루어져 있으며 중뇌, 교, 연수는 줄기처럼 되어 있기 때문에 뇌간이라고 부른다. 6개의 주요 부분 중에서 제일 큰 대뇌는 좌우의 대뇌반구와 4개의 엽으로 구분되며 대뇌에는 대뇌피질과 뇌의 내부에 존재하는 많은 신경섬유로 구성되어 있는 대뇌수질이 있고 대뇌핵으로 구성되어 있다.

대뇌는 뇌의 여러 부분 중에 가장 크며 가장 위쪽에 있다. 좌우로 구분되어 있으며, 우뇌는 감각기능, 창조력 같은 지적인 부분을 통제 조절하고, 좌뇌는 언어기능 등을 조절한다. 대뇌는 신경의 집합체로서 청각 시각 미각 후각 및 운동영역과 언어, 기억, 학습, 이성 및 인간의 인격을 주관하여 인간이 인간답게 살 수 있도록 하는 통합기능의 사령부이다.

■ 소뇌의 기능

소뇌는 뇌에서 두번째로 큰 부분으로 대뇌의 뒤쪽 아래에 위치하며 소뇌의 일부가 대뇌에 덮여 있다. 대뇌와 소뇌는 일반적으로 회백질이 표면에 존재하고 그 내부는 거의 모두가 백질로 구성되어 있다. 소뇌는 평형유지, 근육상태의 조절 등 운동에 관여한다. 즉 사고나 질병으로 인하여 소뇌가 손상되면 평형감각을 잃어 걸음걸이가 불안정하고 근육계통이 이완되는 등의 운동이 부정확해진다.

■ 간뇌의 기능

흥분을 대뇌피질에 전달하는 중계점 역할 및 기타의 기능을 갖고 있다.

■ 교의 기능

호흡운동을 조절하는 기능 등이 있다.

■ 연수의 기능

반사중추라 부르며 골격근의 평형유지 및 호흡, 심장박동, 혈압조절, 기침, 재채기, 구토 등의 반사중추가 있기 때문에 생리적 반사중추라 부른다.

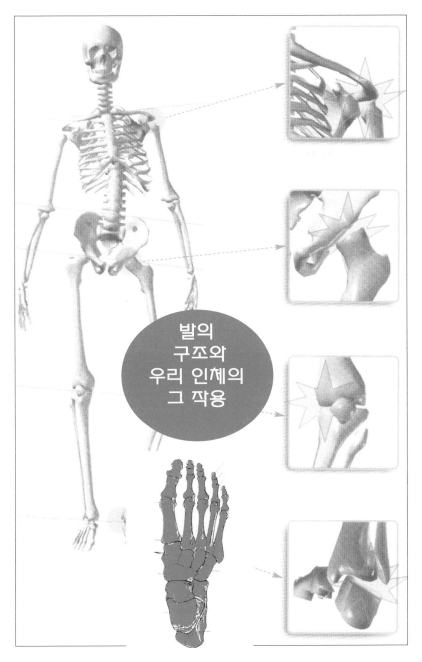

발의
구조와
우리 인체의
그 작용

발의 구조

인간의 발 구조는 다른 동물에서는 볼 수 없는 매우 복잡한 구조로
되어 있다.

■ 발의 뼈 구조(발목에서 발가락까지)

양쪽 발 합해서 52개(4개 종자골 제외)로서 인체의 뼈 206개 중
의 1/4를 차지할 정도로 많이 모여 있다.

■ 발의 근육

전신에서 제일 강하고 굵게 되어 있어서 운동작용과 쿠션작용도
한다.

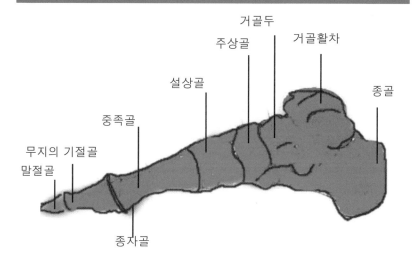

발의 골격 우측면 그림

거골두
주상골
거골활차
설상골
종골
중족골
무지의 기절골
말절골
종자골

발의 골격 우측 발등 그림

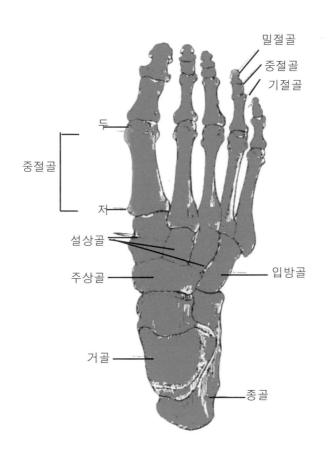

밀절골
중절골
기절골
두
중절골
자
설상골
주상골
입방골
거골
종골

■ 발의 인대

전신 중에서 가장 많이 모여 있으며 복잡한 뼈와 관절을 연결하고 발의 비틀림을 방지하기도 한다. 특히 발바닥에 족저근막이라고 하는 가장 큰 인대는 발바닥을 보호하는 역할을 한다.

■ 발의 혈관

발에 있는 무수한 혈관 중에 발등에 많은 모세혈관망이 밀집 분포되어 있어서 심장에서 가장 멀리 떨어져 있는 신체 부위가 발이지만 원활한 혈액순환을 도와주고 있는 것이다. 모세혈관작용은 심장에서 나온 혈액을 다시 심장으로 되돌려 주는 원동력 구실을 하기 때문에 "발은 제2의 심장"이라고 하는 것이다.

또한 발에는 아킬레스건 부위와 발등의 충양(경혈)에서 맥박을 감지할 수 있다. 맥박의 상태로 혈액순환상태를 점검하여 건강 상태를 알 수 있다.

■ 발의 신경

발의 신경도 혈관과 마찬가지로 발에 무수히 많이 있는 것으로 보아 발의 운동기능은 단순하지만 전신에 미치는 기능은 대단히 중요한다는 것을 알 수 있다.

발에 의한 병의 원인들

■ 발의 순환기 계통

스트레스로 인하여 혈액순환이 일정치 않게 되고 혈액순환이 고르지 못하면 발에 노폐물이 쌓이게 되며, 노폐물이 쌓이게 되면 각 장기가 제기능을 수행치 못하게 되어 질병이 되며, 또한 노폐물로 인하여 발 자체의 결함(피가 통하지 않으므로)이 생긴다.

■ 발은 우리몸의 2%로 98포로의 몸을 지탱하고 있다.

우리의 발바닥의 면적은 몸의 2% 정도밖에 되지 않는다. 이렇게 작은 2%의발은 나머지 98%에 해당되는 체중을 지탱하는 것은 보통 일이 아니다. 항상 몸을 움직일 때마다 발에 걸리는 하중은 시시때때로 변화되므로 항상 중심을 잡아야 된다.

또한 항상 인력에 상응한 대비를 하여 균형을 잡아야 하는 정말 어렵고 힘든 일을 발이 하고 있다. 그러나 많은 사람들은 발을 등한시하고 더욱 혹사시키고 있다. 맞지 않는 구두 또는 높은 구두를 신거나 과중한 체중 등으로 인하여 발에게 과도한 부담을 주는 과정에서 발에 결함이 일어나게 되는 것이다.

또한 뼈 발육이 덜된 몇 개월 안된 유아를 일으켜 세우고 걸음마 연습을 억지로 시키면 성장 후에 심한 후유증이 생기는 것이다. 또한 불균형한 자세의 습관으로 인해서 발에 과부하가 걸리게 되어 만성적인 발의 결함이 있는 경우도 허다하다. 즉 발은 몸이 쓰러지지 않도록 균형을 잡기 위해 발 자체의 결함은 물론 무릎 골반 허리 척추(경추 흉추 요추) 등에 부담을 주게 되어 여러 가지 결함이 발생하고, 또한 그로 인하여 내장의 질병 원인이 되기도 하는 것이다.

발의 결함 종류

발의 결함은 일반적으로 짝짝이 발, 과체중, 과부하, 종골 내반, 외반무지, 평발, 정맥류 정체, 하이아치, 구두 및 척추(경추, 흉추, 요추) 이상, 순환기계 이상, 내분비계 이상 등으로 인하여 발 결함이 발생한다.

또는 고혈압, 당뇨 등으로 인한 발 결함 혹은 선천성 발 결함으로 인하여 신체의 한 부위가 아닌 전신에 파급된다. 발 결함은 내장 및 전신의 질환으로 파급되고, 또는 음식물 및 환경요인으로 인한 내장의 질환이 발 결함으로 나타날 수도 있다.

즉 한 부위의 결함(장애)는 전신의 장애로 퍼지는 것이다.

결함 해소 방안은 철저한 발 관리가 최선이며, 특히 발가락이 한 방향으로 휘어짐을 조정(버니언, 버니트 조정), 지골조정, 중족골 조정, 거골조정(족관절 조정), 무릎조정, 발의 아치(종궁, 횡궁) 조정, 고관절 조정 등 발을 구성한 골(뼈)의 이상을 조정 해소해야 한다.

또한 중요한 것은 과 체중이 안 되도록 노력해야 하며 발에 불규칙한 과부하가 걸리지 않도록 편안한 신발을 선택해야하고 균형 있는 올바른 자세를 취하는 습관을 가져야 한다.

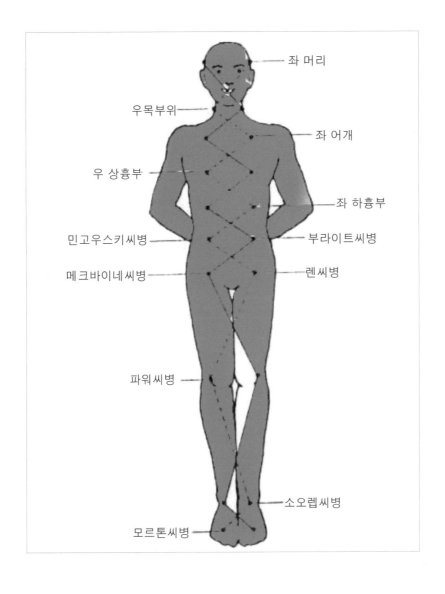

좌 머리

우목부위

좌 어개

우 상흉부

좌 하흉부

민고우스키씨병

부라이트씨병

메크바이네씨병

렌씨병

파워씨병

소오렙씨병

모르톤씨병

발이
생체에 미치
는 영향

■ 발이 지탱하는 힘의 분석

발은 인간이 직립으로 걸을 수 있는 기관이며, 또한 체중을 지탱하면서 어떤 상황에서도 몸의 균형을 유지할 수 있도록 지탱하는 역할을 하고 있다. 일반 적으로 네발이 아닌 두 발로 지탱해야 하므로 체중이 2배가 걸리며, 또한 직립으로 신체가 우뚝 서 있기 때문에 신체의 중심이 높이 올라가 있으므로 두 발에 가해지는 힘은 대단히 크다.

두 발에 가해지는 힘은 발 뒤꿈치(40%), 발 앞부분(60%)으로 분산되는 것이 정상이지만, 인간은 서 있는 자세로 있는 경우는 적으며, 또한 서서 있을 경우라도 일반적으로 한쪽 발에 체중을 실으며 서 있게 되어 하중이 한 곳으로 몰려서 발에 고장을 일으킨다.

또한 자세의 변화에 따른 신체 중심 이동이 수시로 변하므로 체중이 한쪽 발에서도 한 부위에 중심적으로 하중이 걸리는 경우가 많다. 특히 인간의 자세는 뒤로 젖혀지는 경우는 적고 일반적으로 앞으로 굽히는 자세가 대부분이므로 발의 앞쪽(발가락 부근)에 하중이 치우치게 된다.

더욱이 여성이 하이힐을 신었을 경우는 전체의 하중이 앞쪽에 걸리게 되므로, 발의 고장이 남성보다 더 많이 발생하게 된다. 즉 발에 걸리는 힘의 분배가 계속 한 부위에 치우칠 경우 발에 고장이 발생하며, 발의 고장은 내장 및 전신에 영향을 주어 질병이 되는 것이다.

■ 발은 제2의 심장이다

우리의 심장은 1초 동안에 약 72회나 수축하며 확장 운행하고 있다.

심장은 간장과 위장 등 중요한 장기 위에 있고 전신을 4등분 해서 머리에서 4분지 1 높이에 있다. 이것은 우주 대자연의 법칙과 깊은 관련되어 있는 것이다. 지구에는 인력이 있고 물은 높은 곳에서 낮은 곳으로 흐른다. 이렇게 당연한 것이 우리 몸속에 응용되고 있다는 사실이다.

심장의 펌프에서 뿜어낸 혈액은 한 쪽은 분수처럼 머리까지 오르고 나머지는 발끝을 향해서 인력의 힘을 빌어 순조롭게 내려간다. 심장은 무엇에 의해서 박동하는가? 그것은 모든 것이 혼연일체가 된 무극(無極)에서 쉽게 말하면 우주인데 그것이 만들어내는 파장에 의해서 움직이고 있는 것이다. 이 파장은 일종의 우주에너지라고 말할 수 있을 것이다. 이것은 1분 동안에 18회의 에너지파를 가지고 있다. 이러한 사실은 바다의 파도를 생각해 보자, 파도는 바람이 없어도 일고 1분간에 18회 해안으로 밀어 닥친다. 바닷물이 파도라는 형태로써 우주의 파장이라는 존재를 증명해 주고 있는 것이다.

인간의 몸이 이 파장을 받으면 역시 1분간에 18회의 반응을 일으킨다. 이것은 폐가 1분간에 행하는 운동 호흡인 것이다. 우주 에너지인 파장은 인간의 폐의 움직임은 양과 음이 결합하면 열이 생긴다. 양의 파장 18회를 받아서 음의 폐가 18회를 움직인다. 이 두 가지를 더하면 체온 온도 36도가 생긴다. 따라서 우리의 체온도 에너지다. 이 체온이 심장에 다다르면 박동이 시작하는 것이다. 에너지가 완전히 사용되는 상태라면 그 에너지는 장기에 의해서 2배로 활용된다. 해서 심장의 박동 수가 36의 2배인 1분간에 72회이다. 그리고 혈액순환이 시작되는 것이다. 이 세상에 존재하는 모두가 우주의 일부이다. 이렇게 우리는 우주의 영양을 받고 있는 것인데 인간의 몸도 우주의 파장을 받아서 호흡하고 신장을 움직이고 있는 것이다.

그런데 인간이 자고 있는 상태에서는 심장에서 보내는 혈액이 서 있을 때보다 더 많이 머리로 전해지게 된다. 인력으로 인해 내려가는 혈액이 다리 쪽으로 내려가기가 어려워지는 것이다. 그렇게 되면 잠도 오지 않아서 수면 부족을 일으키기도 한다. 여기서 인간이 생각한 훌륭한 지혜가 베개인 것이다. 베개로 머리를 높게 하고, 머리는 이불에서 내놓고 잔다. 그렇게 하면 머리는 차고 다리로 열이 내려오고 따라서 혈행이 다리 쪽으로 흐르기 쉬워지는 것이다. 인력의 도움을 빌어 발끝까지 내려간 혈액은 심장까지 자력으로 되돌아가지 않으면 안 된다.

발 끝까지 온 혈액이 위를 향해서는 심장이 수축을 반복해서 혈액을 전신에 보낸 것과 같은 힘이 필요하다. 그래서 그 혈액을 되돌아가게 하는 역할을 하고 있는 것이 발바닥인 것이다. 발을 땅바닥에 붙이면 발바닥이 몸의 무게로 눌리게 된다.

다음 한 걸음을 내딛기 위해서 발을 들어 올리면 눌렸던 힘은 없어진다. 당연히 걷는다는 동작이 발바닥에 흐르는 혈관을 누르기도 하고 떼기도 하여 발바닥에 고이기 쉬운 혈액의 순환을 촉진하는 것이다.

제1의 심장이 수축을 반복해서 혈액을 전신으로 보내고 발바닥이 혈을 되돌려 보내는 기능을 돕는다. 이것을 가리켜 발바닥은 '제2의 심장'이라고 한다. 이렇게 해서 제2의 심장이 우리의 건강을 돕는 것이다.

건강의 밸런스를 잃게 하는 가장 큰 원인은 우리 몸속의 혈액의 흐름이 나빠지는 것이다. 우리들의 몸은 몇 억이라고 하는 세포로 만들어져 있다. 이 세포에 산소나 영양을 공급하는 혈액은 인간의 생명의 샘이기도 하다. 간단히 말하면 산소와 영양이 가득 찬 몸의 성찬이 되며, 이 성찬은 동맥이라는 파이프를 통해서 몸의 구석구석까지 보내지게 되는 것이다.

우리가 음식을 먹으면 그 배설물이 와 영양이 가득 찬 몸의 성찬이 되며, 이 성찬은 동맥이라는 파이프를 통해서 몸의 구석구석까지 보내지게 되는 것이다.

우리가 음식을 먹으면 그 배설물이 반드시 나온다. 또 먹을 때에는 에너지가 필요해서 에너지를 사용하면 여러 가지 더러운 물질이 발생한다. 이 더러운 물질을 운반해 가는 것이 정맥이며, 이 흐름이 정체되면 이것이 몸에 쌓여 여러 가지 장애를 일으킨다. 심장에서 멀리 떨어진 곳에 있는 발은 더러워진 혈액이 정체되기 쉬운 장소에 있고, 또 관으로 된 가는 모세 혈관이 종횡무진 달려서 작은 장애만 있어도 막히기 쉽다. 제2의 심장인 발바닥이 활발하게 작용하지 않으면 몸의 성찬을 운반하고 그 배설물은 운반해 가는 혈관이 막혀서 여러 가지 기관에 악영향을 주는 것이다

■ 발의 침체물(노폐물)이 각종 질병의 원인

침전물이란 밑바닥에 쌓이는 노폐물로서, 아파트의 옥상에 있는 물탱크의 밑바닥을 보고 나면 야채를 씻어 먹을 수가 없을 정도로 더러운 감이 들게 될 것이다. 아무리 깨끗한 물이라도 용기에 오랜 시간 놓아둔 후 밑바닥을 보면 미끄럽고 더러운 것이 침전되어 있는 것을 보았을 것이다. 인체의 밑바닥인 발도 예외가 될 수 없다. 침전물이 당연히 고이게 마련인 것이다. 일반적으로 건강한 사람은 약간의 침전물이 생기면 모세혈관의 작용으로 쉽게 신장으로 보내 침전물을 걸러 낸 후 방광으로 보내져 소변이 되어 밖으로 배출시키지만, 심한 스트레스 등으로 인하여 생긴 침전물은 시간이 흐를수록 쌓이게 되어 결국은 혈액순환이 원활치 못하여 장기의 기능장해가 생기고, 이것이 질병이 되는 것이다.

침전물을 오랫동안 방치하면 근육과 뼈 사이까지 침전물이 침투하여 단단한 덩어리가 되는데, 이것이 혈액순환을 막는다. 침전물은 발바닥, 복사뼈 및 관절 주변 등에 많이 고이며, 경우에 따라서는 발등, 정맥관 등에서도 침전물이 붙어있어 중증의 기능장애를 일으킨다.

치료
하기 전의
준비 사항들

■ 발을 눌러서 아픈 곳이 나쁜곳이다

　우선 자기의 발바닥을 만져 본다. 어떤 감촉이 있을까. 발바닥이나 발가락의 뿌리 부분에 드득 드득한 것이나 근육이 덩어리 같은 웅어리를 느낄 수 있을 것이다. 처음에는 그 부분을 강하게 주무르면 아플것이다. 아픈부분이 있을 경우 거기에는 결정성의 웅어리 유산이나 뇨산이 고여있다. 웅어리는 발바닥의 그 반사구에 대응하는 몸의 부분이 충혈되어 있는 증거다. 충혈은 전신의 혈액이나 기의 순환을 방해하고 있기 때문에 그 웅어리를 제거하면 그것에 대응하는 몸의 부분이 활성화되어 건강을 되찾을 것이다.

　몸의 이상은 반드시 발의 반사구에 나타난다. 우선 발바닥의 신장, 료뇨관, 방광의 반사구를 차례대로 눌러 간다. 그것이 끝나면 평소 스스로 약하다고 생각하고 있는 부분의 반사구를 조사한다. 피부가 딱딱한 곳은 힘을 주어서 강하게 눌러 아프다고 느껴지는 곳이 있으면 거기에 관련되는 장기에 뭔가 이상이 있는 것이다.

　지금은 아직 병에 걸린 것은 아니라해도 약해져 있는 증거이므로 이것을 방치해 두고 있으면 이부분에서 병이 발증하지 말라는 법은 없다.

실질적으로 특정의 장기에 관련된 반사구는 간단히 발견하기 어려운 것이다. 한마디로 발바닥이라 해도 사람에 따라서 모양이 여러 가지로 다른데다 지방이 붙는 방식에도 차이가 있다.

　따라서 그 미묘한 차이 속에서 처음 쪽이 정확한 반사를 판단하는 것은 지극히 어려운 일이다. 중요한 것은 웅어리를 제거하고 발전체를 구석구석 주무르는 일이다. 관지법은 동양의학에 의한 종합적인 인체활섭법이다. 몸 전체의 기능을 눌러주지 않으면 나쁜곳도 낫지 않는다는 사실이다.

■ 반사구란

반사구라는 것은 한마디로 말하면 신경이 모인 곳인데 그 각각의 집중 점은 몸의 각 부분과 밀접한 반응 관계가 있다. 신경 반사구를 누르거나 주무르면 그 반사구와 관련 있는 기관과 생리 기능이 자극을 받아 혈액 순환이 좋아지며 건강 회복의 목적을 달성할 수 있다.

오른발 발바닥의 반사구

1. 전두통 · 좌(왼쪽)
2. 비 (코)
3. 뇌하수체
4. 머리(뇌) · 좌
5. 삼차신경 · 좌
6. 뇌간, 소뇌
7. 경부(목)
8. 눈 · 좌
9. 귀 · 좌
10. 부갑상선
11. 깁심산
12. 승모근 · 우(목, 어깨)
13. 폐, 기관지 · 우(안쪽)
14. 위
15. 췌장
16. 십이지장
17. 복강신경총(소화기계통)
18. 부신 · 우
19. 신장 · 우
20. 심장
21. 비장
22. 배란관 · 우
23. 소장
24. 방광
25. 횡행결장

27. 직장
28. 항문
29. 생식선(난소, 배란관, 과관, 정낭) · 우
30. 간장 31. 담낭 32. 상행결장 33. 회맹변
34. 충수, 맹장

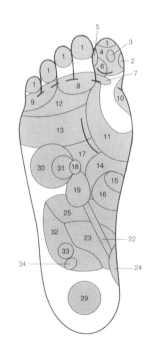

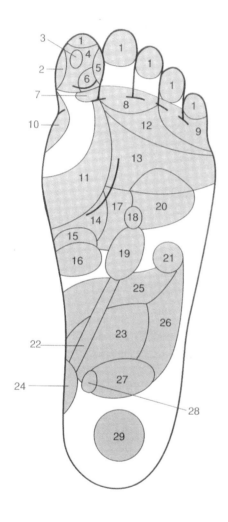

1. 전두통 · 우(오른쪽)
2. 비 (코)
3. 뇌하수체
4. 머리(뇌) · 우
5. 삼차신경 · 우
6. 뇌간, 소뇌
7. 경부(목)
8. 눈 · 우
9. 귀 · 우
10. 부갑상선
11. 깁싱산
12. 승모근 · 좌(목, 어깨)
13. 폐, 기관지 · 좌(안쪽)
14. 위
15. 췌장
16. 십이지장
17. 복강신경총(소화기계통)
18. 부신 · 좌
19. 신장 · 좌
20. 심장
21. 비장
22. 배란관 · 좌
23. 소장
24. 방광
25. 횡행결장
26.
27. 직장
28. 항문
29. 생식선(난소, 배란관, 과관, 정낭) · 좌

발 안쪽의 반사구

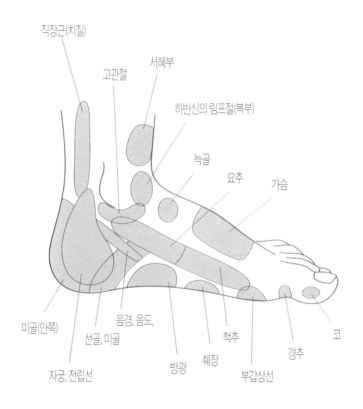

직장근(치질)

고관절

서혜부

하반신의 림프절(복부)

늑골

요추

가슴

미골(안쪽)

음경, 음도,

선골, 미골

자궁, 전립선

방광

췌장

척추

부갑상선

경추

코

발 바깥쪽의 반사구

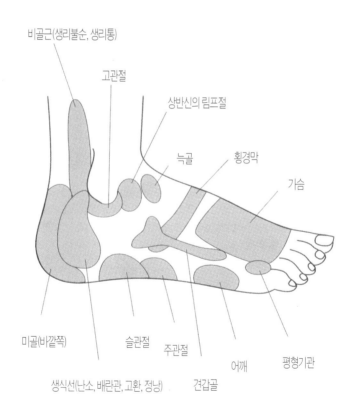

비골근(생리불순, 생리통)

고관절

상반신의 림프절

늑골   횡경막

가슴

미골(바깥쪽)   슬관절

주관절

어깨   평형기관

생식선(난소, 배란관, 고환, 정낭)   견갑골

발 등의 반사구

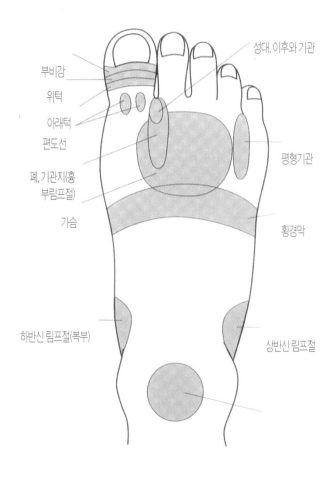

부비강

위턱

아래턱

편도선

폐, 기관지(흉
부림프절)

가슴

하반신 림프절(복부)

성대, 이후와 기관

평형기관

횡경막

상반신 림프절

지압법과
담배불 뜸
뜨기의
기초요령

지압법과 담뱃불 뜸의 기초요령

■ 발마사지의 금지사항은 다음과 같다.

주무른 후 30분 이내에 백탕을 마시는 것을 잊지 말 것

이것은 더러워진 것을 배설하기 위하여 빼어놓을 수 없는 조건으로 신장의 여과기능을 돕는다. 백탕을 마시지 않고 있으면 더러운 것이 침전 된다. 또 찬물은 몸을 식혀서 혈액의 순환을 나쁘게 하기 때문에 여름이라도 체온 정도의 백탕을 마시도록 해야 한다. 아무리 해도 백탕을 마시지 못하는 사람은 따뜻한 차나 오룡차라도 괜찮다. 양은 보통 커다란 모닝컵 1잔(350mml정도)이지만 신장병을 앓고있 는 사람은 150mml 이내로 마신다.

주물을 때는 식후 1시간이 경과한 후에 할 것

식후에는 소화운동 때문에 위에 혈액이 모인다. 이때에 주물르면 소화기에 부담이 가해지기 때문에 피해 야 한다. 반대로 주무르기를 끝내고 백탕을 마셨으면 바로 식사를 해도 상관없다.

뼈를 다치지 않도록 주의해야 한다.

강하게 주무르고 있으면 경우에 따라서는 피부에 멍이 들거나 가벼운 내출혈을 일으키는 경우가 있으나 걱정할 것까지는 없다. 오랫동안 계속하고 있으면 오히려 내출혈이나 멍이 잘 안 들게 된다.

중증의 간질병, 고혈압, 심장병인 사람은 조심할 것

이러한 병을 가지고 있을 경우에는 반드시 의사에게 진찰을 받고 우선은 의사의 치료 지시에 따라 야 한다.

위급처치가 필요한 병일 경우는 병원으로 갈것

병에 따라서는 진행이 빠른 내장의 염증이나 감염증등 시시각각 병상이 악화되는 것 같은 병도 있다.

이와 같은 증상이 되기전에 예방적으로 행하거나 자연치유력을 높여서 병의 치류를 도우려는 목적으로는 대단히 유효하지만 위급한 경우에 관지법만에 의지하는 것은 잘못이다.

주물은 후에는 따뜻하게 할것

모처럼 몸이 따뜻해져서 모세혈관이 열리고 혈액순환이 잘되고 있으니 차가운 샤워를 하거나 찬타올을 사용하거나 하는것은 피해 라.

■ 무릎의 뒤쪽이 가장 중요한 포인트다.

발에 흐르는 혈관은 무릎에서 2줄로 갈라져 1줄은 경골에 연하여 앞으로 다른 1줄은 비골에 따라 장딴지쪽으로 나온다. 발의 말초신경 부분에서 주물려 풀어진 더러운 것은 이 혈관을 통하여 올라가 최후에 신장에 도달하여 거기로부터 뇨(오줌)로써 배설된다. 그런데 모처럼 잡아낸 더러운것도 다시금 발에 침전시켜서는 아무것도 안된다. 발목에서 무릎을 지나 원활하게 신장까지 운반되지 않으면 깨끗이 배설한 것으로는 안된다. 그러나 복사뼈의 십자인대나 무릎의 뒤쪽은 특히 더러운 것이 달라 붙기 쉽고 혈관이 막히기 쉬운 부분이다. 더러워진 혈액을 운반하는 파이프라인의 역할을 다하는 정맥에는 혈액이 역류하지 않도록 밸브가 붙어있다. 혈액은 이 밸브 덕분으로 심장으로 되돌아갈 수가 있다. 그리고 발의 정맥에는 밸브가 많이 있어 그 주위는 대단히 더러운 것이 고이기 쉽게 되어 있다. 그러므로 잘 주물러 풀어서 노폐물을 고이게 하지 않도록 하지 않으면 안된다. 모처럼 발바닥을 잘 주물러도 아래의 파이프의 흐름을 좋게 하지 않으면 의미가 없는 것이다. 내장에의 자극만으로는 관지법의 효과를 충분히 이용하고 있는 것으로는 되지 않는다. 같은 이유로 청죽밟기를 할 때에 그것만으로 끝내는 것은 바람직하지 않다.

청죽밟기는 어디서든 누구에게도 할 수 있는 건강법으로서 인기가 있다. 발바닥, 특히 장심은 직접 자극을 받는 일은 적은 곳이니 청죽을 밟아 자극하는 것은 이치에 맞는다고 할 수 있다. 내장의 효과적인 자극으로도 가능하다. 그러나 여기에 한 가지 함정이 있다. 그것은 발다닥에 고인 더러운 것을 청죽밟기로 주물러 풀어도 그것만으로는 확산시키는 것 밖에 되지 않기 때문이다. 모처럼이라면 한 발 더 나가 청죽밟기를 한 후에 발가락끝, 발목, 무릎의 뒤쪽을 잘 주물러 더러워진 것이 침전되지 않도록 신경을 써 주기 바란다. 더러움을 분산시키는 것만의 수고로 끝나 버려서는 너무나도 애석한 일이다. 노폐물을 확실히 배설 시키면 비로서 관지법의 커다란 효과가 기대될 수 있다.

■ 마사지 할 때의 주루르는 방법과 테크닉

관지법의 맛사지는 피아노를 치는 것과는 달라서 어느 부분에 어느 손가락을 사용한다는 명확한 결정은 없다. 몸의 각 부분에는 딱딱한 곳, 부드러운 곳, 감각이 날카로운곳, 둔한 곳이 있고 증상도 천차만별 이기때문에 각각의 상태에 응하여 가려서 사용한다.

사용하는 부분은 손가락의 배(안쪽=바닥쪽), 손가락의 관절(지각=손가락을 꺾는 부위), 주먹이 중심이다. 기본적으로 도구는 사용 안한다.

관지법은 기의 흐름에도 작용을 주려는 것이니 사람의 손이 가장 효과적이다. 손가락 사용으로서는 손가락의 배로 누르는 것이 가장 일반적이다. 발한 가운데를 손가락을 눌러 넣듯이 힘을 넣어 더러운 것을 훑어 내듯이 눌러 준다. 발의 표면을 쓰다듬는 것만으로는 안 된다.

아프다고 생각되지만 손가락이 발 깊숙이까지 닿을 듯이 해 야 한다. 하기 쉬움을 생각하면 부드러운 곳에는 손가락의 배로 뒷꿈치같은 딱딱한 곳은 주먹으로, 중간의 딱딱한 곳은 지각(손가락관절)을 사용하는 것이 요령이다. 심장이나 륜뇨관의 반사구증은 깊은곳 에 있기 때문에 반드시 지각을 사용한다. 지각으로 반사구의 속을 힘껏 붙잡아 발가락 끝을 향하여 찔러 올리듯이 힘을 넣어간다.

원칙적으로는 몸의 중심부에 있는 내장의 방향, 즉 위쪽으로 향하여 힘을 주어가는 것인데 어디까지라도 더러움을 주물러 부수는 것이 목적이니 누르기 쉬운 방법으로 한다. 발을 주무르는 경우도 마찬가지 요령으로 손가락을 사용해야 한다.

효과적인 손가락 사용법

엄지와 인지로 잡고 주물른다. 손가락 같은 가느다란 부분을 주무를 때에 적합하다

엄지로 누른다. 부드러운 부분은 엄지로 꾸욱 눌러 넣듯이 힘을 주어 주무르는 것이 좋다.

발등이나 뒤꿈치같은 딱딱한 곳을 주무르는 경우 주먹을 강하게 눌러 부치듯이 주무른다.

지각. 인지(중지)를 직각으로 구부려서 눌러넣듯이 주무른다. 깊은 부분에는 꼬옥 쥐고.

■ 기본 마사지 순서

우선 반듯이 왼발부터 행한다. 그 이유는 분명치 않지만 옛날부터 그렇게 전승되고 있다.

① 소지로부터 엄지까지 순벌으로 1가락씩 주물러간다. 손의 엄지와 인지로 둥글둥글 문지르거나 발가락을 강하게 끼고 훑어 올리듯이 한다. 손가락의 옆구리(옆배), 손가락의 가랑이(손가락과 손가락 사이)까지 고루고루 진행한다.

② 발가락의 밑, 뿌리부분을 주무른다.

③ 발바닥의 장심을 눌러넣듯이 주물러 간다.

한쪽 손으로 힘껏 발을 누르면서 행한다.

④ 발등을 손톱끝에서부터 뒷꿈치 방향으로 잘 주물러 올린다.

발의 무릎을 세우면 하기 쉬울 것이다.

손으로 주먹을 쥐고 관절 부분을 사용하여 충분히 힘을 넣는다.

가는 발의 뼈의 관절 부분이나 뼈와 뼈사이는 손가락의 배로 정성껏 주무르는 것도 좋다.

⑤ 안쪽과 바깥쪽의 복사뼈 밑을 잘 주무른다.

엄지손가락과 인지로 끼워 넣듯이 하고 동시에 자극한다.

⑥ 발의 옆, 바깥쪽에 해당하는 부분을 주무른다.

⑦ 발바닥에 있는 신장, 류료관, 방관과 복사뼈의 아래쪽의 료도의 반사구를 주무른다. 이것들을 합하여 「기본반사구」라 한다. 이 부분을 정성껏 주무르면 독소와 료산이 잘 물에 녹아서 배설 기능이 높아 지는 것 이다..

⑧ 발다닥 전체를 발가락에서 뒤꿈치쪽으로 주물러 간다.

특히 순서에 구애 받을 필요는 없지만 전체가 부드럽게 되도록 손가락의 배나 지각을 사용하여 주무른다.

⑨ 정강이의 바깥쪽을 뒷꿈치로부터 무릎에 반드시 아래로부터 위로 향해 주물러 올린다. 반대로 주무르면 혈액의 흐름에 거슬리는 것으로 되기 때문에 주의해 야 한다.

⑩ 허벅지에서 뒷꿈치까지의 안쪽을 주무른다.

안쪽을 허벅지에서 무릎, 무릎에서 뒷꿈치로, 이번에는 반드시 위에서 아래로 주무른다. 이것도 혈액의 흐름에 거슬리지 않도록 하기 위해서다.

⑪ 무릎의 주위를 특히 정성스럽게 주무른다.

⑫ 뒷꿈치로부터 장단지, 허벅지의 뒤의 순으로 각부(다리부분)의 뒤쪽 전체를 밑에서 위로 주물러 올린다. 특히 무릎의 뒤 쪽은 중요한 곳이니 정성껏 시간을 들여서 주무른다.

⑬ 다시 한 번 ⑦에서 주무른 기본 반사구를 주무른다.

⑭ 같은 순서로 이번에는 오른발을 주물러 간다.

⑮ 발이 끝나면 손을 주무른다

⑯ 양 발, 양 손 모두 잘 주 물렀으면 백탕을 큰 컵으로 한 잔 마신다.

기본 반사구

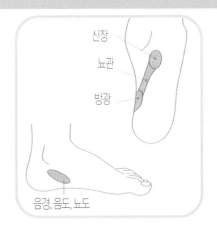

신장
뇨관
방광
음경, 음도, 뇨도

왼발의 새끼 발가락부터 시작한다. 오른팔잡이인 경우 왼손으로 발을 가볍게 누르면 주무르기 쉽다.

1, 엄지와 인지로 잡고 강하게 비틀어 돌리듯 주무른다.
위로 잡아당기듯이 한다.

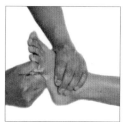

2. 약지를 같은 요령으로. 처음에는 아프지만 힘을 빼지 말고. 손가락에 힘을 주어 주물러 깨끗이 한다.

3, 중지, 인지를 같은 식으로 주물러 간다. 비틀 듯이 하여
발가락 뿌리로부터 발가락 앞끝까지 정성껏 주무른다.

4, 오른손 엄지와 인지로 엄지발가락을 끼우듯이 하여
강하게 주물러 나간다.

5, 등(발등), 뒤측(발다닥쪽) 만이 아니고 옆쪽도 힘껏 주물러 푼다. 손가락에 힘을 주어 훑어 올리듯이 한다.

6, 엄지발가락의 아래 뿌리 부분을 주물러 푼다. 왼손으로 떠받치고 오른손의 엄지로 아래 위로 강하게 쓰다듬듯이 한다.

7, 이번에는 오른손으로 발끝을 누르고 왼손 엄지로 힘을 넣어서 누르듯이 하여 발바닥을 주무른다.

8, 왼손으로 발을 떠받치고 오른손의 주먹을 밀를 듯이 발가락의 뿌리를 주무른다(문지른다).

9, 왼손으로 발을 떠받치고 오른손 엄지를 밀어넣듯이 하여 발의 장심 전체를 주물러 풀어간다.

10, 주먹을 밀어 부치듯이(내려 누르듯이) 하여 발등을 발가락 끝으로부터 뒷꿈치 방향으로 쓸어 올린다.

11, 복사뼈의 아래를 안쪽과 바깥쪽을 동시에
자극한다.
　오른손의 엄지와 인지를 밀어(눌러) 넣듯이 한
다.

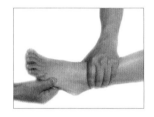

12, 발의 외측(새끼 발가락쪽)에 있는 어깨의
반사구를 오른손의 엄지로 주물러(문질러)푼
다.

13, 발바닥 중앙에 있는 신장의 반사구를 주무
른다. 양손의 엄지에 힘을 넣어서 눌러 넣듯이.

14 , 같은 요령으로 중심부에서 서서히 밑으로.
뒷꿈치 부분까지 기본 반사구를 정성껏 주물러 푼다.

15, 지각을 사용해도 좋다. 상하로 조금씩

지각을 움지이면서 꾸욱 꾸욱 눌러 넣듯

이.

16, 엄지와 인지로 뒷꿈치를 끼우듯이 하

여 복사뼈의 아래쪽을 강하게 주무른다.

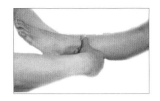

17. 왼손으로 무릎의 뒤쪽을 단단히 받치고 지
각을 밀어넣듯이 하고 정강이를 문질러 올려간
다.

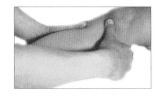

18. 같은 요령으로 지각을 조금씩 좌우로 움
직이면서 무릎까지 힘껏 문질러 풀어준다.

19. 무릎의 주위를 특히 정성껏 주무른다.
반죽하듯이 꼼꼼이 문질러 푼다.

20, 뒷꿈치, 아킬레스건으로부터 무릎으로 장
단지의 뒤쪽을 아래에서 위로 향하여·쓸어(주물
러) 올린다.

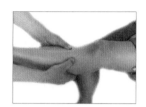

21, 두 손을 같은 높이로 일치시켜 좌우 서로
번갈아서 손가락과 손바닥에 힘을 주어서 주물
러간다.

22, 무릎의 뒤쪽은 배설의 중요한 포인트이
기 때문에 시간을 두고 정성껏 주물러 풀어
줄 것.

23, 뒤쪽을 주무를 때의 손 모양. 발 전체를 잘 주물러 올릴 때는 이

모양을 사용하는 일이 많다.

■ 마무리로
　손주무르기

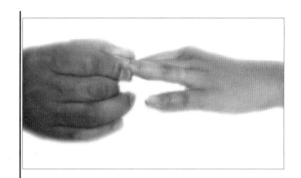

　손에도 발과 같은 반사구가 있다. 앞에서 기술한바와
같이 건강에 있어서 중요한 12원 혈중의 절반은 손에
있으므로 발을 주무른 후에 손을 주무르면 상승 효과
로 몸은 한층 활성화된다.

　비율로 말하자면 발이 7할, 손이 3할 정도라고 한다.
발을 주무르는 시간이 없거나 직장등에서 상황적으로
주무르기 곤란한 때에는 우선 손을 주무르고 발은 귀
가한 후에 천천히 주무르도록 해도 된다.

　손 같으면 언제든 어디서든 간단히 맛사지 할 수 있으
니까 마음이 내키면 조금이라도 주무르는 버릇을 만
들면 좋을 것이다. 그리고 손과 발은 상관 관계에 있으
므로 발을 다쳤을 때에는 손의 대응부분을 잘 주 무르
면 회복이 빨라진다.

1, 왼손의 소지를 오른손의 엄지와 인지로 잡고 뿌리 부분으로부터 손가락 끝

까지 비틀 듯이 주무른다.

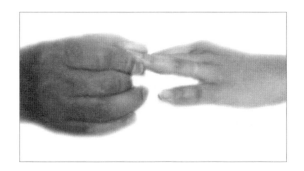

2, 다음은 약지를. 뿌리 부분에서 손가락 끝까지 몇 번이든 왕복했으면 마지

막에 조금 잡아당기듯이 한다.

3, 약지를 끝냈으면 같은 요령으로 중지, 인지, 엄지의 순으로 주물러간다.

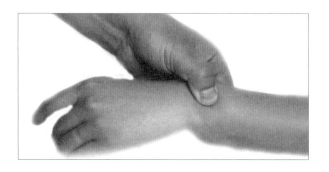

4, 손목에 있는 「림프절」의 포인트를 중심으로 손목 전체를 엄지로 가볍게 누르듯

이 주무른다.

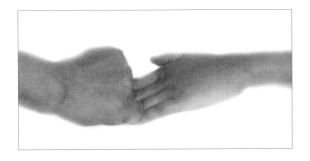

5, 손가락 끝에서 위로 향하여 주먹으로 손등을 문지른다. 손의 각도를 바

꾸면서 전체를 고루고루 마사지한다.

6, 서서히 위로 향해 가서 손목의 뿌리 근처까지 손등 전체를 구석 구석까지

주물러 올린다.

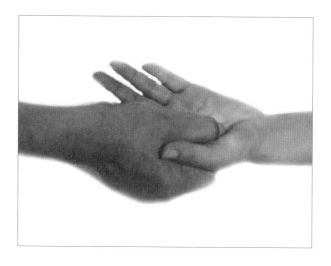

7, 손바닥 전체를 잘 주무른다. 특히 한가운데 엄지의 뿌리부분의 부풀어오른 부

분을 정성껏 주무른다.

■ 효과의 반응

관지법을 매일 하고 있으면 몸에 여러 가지 반응이 나타나기 시작한다. 개인차도 있지만 다음과 같은 반응이 있으면 발 주무르기의 효과가 나타나는 증거라고 생각 된다.

① 뇨(오줌)가 짙어져서 냄새도 심해진다. 이것은 체내 더러운 것이 배설되기 시작했다는 증거다.

② 발 전체가 붓는다.

③ 정맥이 떠올라서 소위 청근(푸른 핏줄)이 선다. 이것은 정맥의 혈액 순환이 활발해 졌기 때문으로 일시적인 것이므로 걱정할 필요가 없다.

④ 허벅지의 안쪽에 습진이나 뾰루지가 생기긴다. 또 발가락 사이에서 더러운 노폐물이 나온다. 이런 것들은 혈액중에 돌아가지 않는 오물이 피부가 약한 부분으로부터 배어내기 위한 것으로 오물이 잘 분비되고 있다는 증거다.

⑤ 미열이 난다. 체내의 오물이 지나치게 고이면 몸은 땀선 등으로 부터 열을 발산하여 평형을 유지하려고 한다. 열이 잠복해 있을 때에 발 주무르기를 하면 그 자극으로 발열하는 경우가 있다. 이런 때는 몸이 괴로운 것 같으면 주무르기를 중단하고 열이 내린 다음에 재개해 준다.

⑥ 권태감, 입이 마르고 하품이 나온다. 또 졸음이 심해진다. 이것들은 특히 관절 류마치스를 갖고 있는 사람에게 많이 볼 수 있는 예다.

⑦ 눈꼽이 낀다. 흰자위 부분에 미량을 출혈을 볼 수 있다. 또는 몸 속의 점막으로부터 노폐물이 희미하게 되어 나온다. 이것은 오물이 잘 제거되고 있다는 증거다.

⑧ 내장, 특히 장이 활성화 되어 가스가 잘 나오게 된다.

이러한 반응은 주무른 직후에 나타나는 때도 있고 다음날 혹은 1주일 후나 그 이후에 나오기 시작하는 일도 있다. 반응은 극히 일시적인 것으로 길어도 1주일 정도에서 사라지는 현상이다. 이것을 걱정해 주무르기를 중지해 버리면 효과가 나타나지 않기 때문에 반듯이 계속해 주어야 한다. 몸이 좋은 방향으로 변화하고 있는 증거다. 또 처음인 사람이 갑자기 열심히 하면 푸른 반점이 생기는 일이 있다. 그런 때는 42~43도의 온탕에 소금을 넣고 발을 담구어 두면 된다. 이렇게 하여 3개월 정도 관지법을 계속 하고 있으면 우선 변(대변)의 정도가 좋게되어 피부에 투명감이 생긴다. 피로도 풀리게 되어 숨도 이전보다 강해진다. 게다가 잠을 잘 잘수있기 때문에 일찍 일어날 수 도 있게 된다.

이 정도면 대개 1~3개월에서 나타나는 효과다. 이렇게 되면 당신의 몸은 혈액순환이 잘 되고 상당히 내장의 활성화가 진행되고 있다고 할 수 있다. 또 한숨, 모처럼 활성화된 몸은 원래대로 되돌리지 않도록 힘내서 계속해 주어야 한다. 이제 주물러도 이전같은 통증이 없고 강하게 주무르는 것이 쾌감으로 되어 있을 것이다.

담배불 뜸의 요령
■ 담배불 뜸이란

우리 몸에는 표면에 자극을 민감하게 냉장에 전달하는 장소가 있는데 비유하자면 마치 전화 번호를 이용하여 상대방을 볼 수 있듯이 몸 표면에 자극을 전달할 수 있는 장소가 있는 것이다.

바로 그런 곳이 경락과 그 위치에 있는 경혈인 것이다..

경락이란 인간이 살아가는 데 매우 중요한 역활을 하고 있는 오장육부를 돌면서 에너지 즉 기를 공급하는 순환계라고 하는데 동양 의학의 독특한 것으로서 이것을 경락이라고 한다.

경락의 경은 종으로 흐르고 있으며, 락은 횡으로 흐름을 의미하고 있는 것이다.

즉 우리들 몸에는 머리에서 발끝까지 경락이 종횡으로 흐르고 있으며, 이 경락내에서 에너지가 원만이 흐르고 있다면 건강하고, 어느 장부에 이상이 있으면 즉시 그 에너지의 흐름이 정체된다고 한다.

이와 같이 기 에너지 흐름이 정체되면 그 이상이 경락의 요소에 나타나는데 그 나타나는 주위에는 통증, 냉감, 경결, 함몰등의 증상으로 나타나게 되는데 그렇게 나타나는 곳이 경혈에 해당되는 곳이라 한다.

즉 경혈은 우리 몸의 터미널이라고 할 수 있다. 그러니까 이 경락, 경혈에 담배불 뜸을 하게 되면 부족 한것을 조절하게 되고, 또 그 흐름을 원활하게 하여 주어, 다시 내장 기능이 활발하게 되어서 몸의 이상이나 병을 치료하는 효과를 얻 을 수 있다.

여기서 담배불뜸은 경혈에 따뜻하게 해주어 혈을 원활하게 해 주는 것이고 지압이나 마사지는 경혈을 눌러서 혈을 유통시키는 것이다.

이와 같이 모든 수기요법이나 밤배불뜸, 쑥찜 등등 많은 것들이 방법만 다를 뿐 그 목적은 우리 몸의 혈을 유통시키는 목적은 하나인 것이다.

■ 성냥개비 잡는 요령과 치료법

잡는법=화약이 묻어 있는 머리를 말으로 하고 그밖에는 이쑤시개 때와 같다.

누르는법=성냥개비의 머리를 피부에 직각으로 대고 지긋이 천천히 누른다. 누르는 법은 피부가 조금 무겁게 느껴질 정도로 아픔을 느껴서는 안된다.

자극법=.기능이 항진(기세 좋게 나아감)하고 있을 때와 기능이 억제되어 있을 때의 두 종류가 있다. 항진하고 있을 때 또 통증의 치료를 할 때는 '강하게' 자극한다. 억제되어 있을 때의 치료는 '약하게' 자극을 한다. 자극을 준 다음 이번에도 극히 가볍게 2~3회 쓰다듬어 준다.

■ 담배불뜸은 담배불을 경혈에

뜸자리=치료점)에 접근시켜 뜸과 같은 효과를 거두는 방법이다. 이 뜸법의 특징은 뜨거움을 자유로이 가감할 수 있는 것과 탄 흔적이 생기지 않고 대단히 기분이 좋아진다. "뜨거워지면 곧바로 말해야 하는거야. 참으면 안되니까 말이야."말하자면 어린 아이들이라도 치료를 받을 수 있다. 중지로담배를 옆으로 하고 잡는다. 흔들거리면 피부에 불이 스치게 되므로 주의해야한다.

불의 접근법= 뜸자리 위에 2센치쯤 되는 곳으로부터 불을 살그머니 접근시켜 간다.

대체로 5~6mm 정도까지 불을 접근시키면 뜨거움을 느끼게 되므로 불을 정지해 둔다. 드디어 뜨겁다고 느끼면 곧바로 불을 멀리하고 한 호흡 쉰 다음 또 2cm의 거리까지 불을 접근시킨다. 이것을 쑥으로 뜸을 한 장 뜬다고 생각하고 몇 번을 되풀이 한다.

담배불뜸을 몇 번 되풀이하여 뜸자리 부위가 빨갛게 뜨거워질 때까지 실시한다.

주의할 것은 담뱃불을 접근시킬 때 천천히 쑥이 타는 것과 같을 정도의 속도로 접근 시킨다.

뜸자리는 보통 '뜸자리에 맞추었다' 든가 '뜸자리를 벗어났다' 고 말 할 정도로 그 뜸자리를 벗어나면 모처럼의 치료도 별효과가 없다. 그러므로 정경 12맥. 기경 8맥이라고 하는 경락의 뜸자리를 그야말로 필사적으로 암기 해야한다. 이 경낙을 알고 그것에 점존하는 경혈을 알아야 한다. 그리고 경락과 경혈의 관련, 인체와의 관계를 알게 된다.

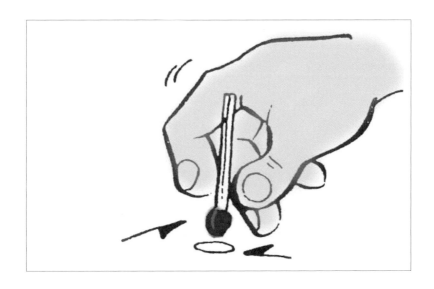

예컨대 병명을 모르는 난병기병이라도 치료 또는 병의 증상을 경감시킬 수가 있다. 그렇다고 해서 여기서는 전신 7백여 경혈을 소개 할 수는 없고 그것은 가정에서의 치료에 필요하지도 않다. 가정치료에 필요한 경혈을 찾을 수 있다면 그것으로 충분할 것이다.

'경혈'이란 것은 신체의 이상, 즉 병을 가르쳐주는 '점'인 동시에 병을 치료하는 '급소'이기도 하다. 본래 침구,지압의 치료에는 '누르면 아픈곳, 경결(굳음)이 있는 곳을 치료한다'고 하는 말이 있다. 신체의 어딘가에 이상 즉, 병이 있으면 그 병에 관계가 있는 경혈이 반응-누르면 아픔, 압통, 경결, 움푹들어감, 흐물흐물한 느낌-이 나타난다. 그 곳이 치료점이 되는 것이다.

예를 들자면 이가 아플 때 볼을 누르게 되고 팔을 부딪쳤을 때 아픈 곳을 누르게 되고, 설사를 할 때 아랫배를 누르게 되고 간장이 나쁘면 자연히 밑쪽 갈비뼈로 손이 간다. 손이 가는 곳이 이상이 있는 곳이 되며 또 치료점이기도 하다. 물론 여기에 적당한 치료를 하면 병이 치유된다.

병의 치료에는 '특효치료'라고 하여 병의 장소보다 멀리 떨어진 경혈을 치료하여 특효적으로 통증을 없애버리 는 치료법이 있는 것이다. 예를 들면 요통이나 삔허리는 손바닥으로, 눈이 아프면 발의 엄지발가락과 둘째 발가락 사이에서, 두통은 손가락의 치료로 구토증은 손목의 안쪽으로, 치질은 머리꼭대기로 치료하는 등은 그 좋은 케이스다.

예를 들어 반응이 있었다고 해도 그것이 치료점임을 알아차리지는 못할 것이다. 아니 경락에 의한 경혈(뜸자리)을 알 수 없으면 찾을 수 는 없다. 일반적으로 초심자에게는 무리라는 뜻이다. 여기에서 독자는 이상하다고 생각하는 수가 있을지 모르겠지만, '뜸자리'는 그 한 점 한 점이 손목으로부터 3cm 팔꿈치에서 6cm 발목에서9cm 배꼽의 옆에6cm 확실하게 결정되어 있다.

인간의 신체는 각인 각색으로 키의 크기도 틀리며 수족의 길이 또한 틀리기 때문이다.

침구에서의 첫수법은 '골도법'이라하여 손가락의 폭이나 관절사이 즉, 손가락 2개폭(인지, 중지, 약지를 합쳐 제2관절로 잰 폭)등이 있다. 손가락이 굵은 사람도 가는 사람도 또 관절 사이가 긴 사람도 짧은 사람도 있다. 그렇기 때문에 사람들의 신체에 획일적인 첫수법으로 결정한 뜸자리를 누를수는 없다.

또 뜸자리(경혈)의 성격으로 건강한 때와 병이 있을 때에는 그 위치가 변동하는 것이다.

즉 건강한 때 뜸자리의 위치는 병일때의 뜸자리의 위치라고는 말할 수 없는 것이다. 요컨대 교과서에서의 뜸자리의 위치는 어디까지나 '기본 위치'로서 기준에 지나지 않는다. 진짜의 뜸자리 치료점은 '기본위치의 주변을 손가락끝으로 눌러보고 이상한 감이 있는 곳'인 것이다. 또 '치료편' 중에 2횡지, 3횡지, 4횡지라는 말이 나온다. 2횡지는 인지, 중지, 3횡지는 인지, 중지, 약지, 4횡지는 인지, 중지, 약지, 소지의 손가락을 펴서 둘째 관절부분을 잰 폭을 말한다. 그러나 그때의 손가락은 치료하는 사람의 손가락이 아니고 치료를 받는 '환자의 손가락'이다. 예를 들면 덩치 아주 큰 사람의 손가락으로 왜소한 사람의 신체를 잰다면 첫수가 틀려진다, 또 깡마른 사람의 신체를 뚱뚱보의 통통한 손가락으로 잰다면 뜸자리는 잡히지 않을 것이다.

어디까지나 '환자 자신의 손가락'이 기본이 되는 것다. 뜸자리는 그 '근처'에서 찾는다고 했다만 그것도 한도가 있어서 너무 이탈되면 엉뚱한 뜸자리에 걸리고 만다. 그래서 치료전에 최소한의 신체의 명칭과 뜸자리의 위치를 알아두어야 하는 것이다.

제2부

발마사지와 담뱃불 뜸의 질병에 따른 실전

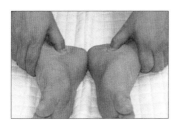

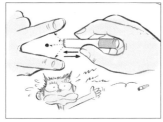

각질병에 따른
발 맛사지와 담
뱃불 뜸

1, 증상에
응한 반사
구를 주무
르고 나서
증상부 경
혈에 주무
르기

체내에 나쁜 부분이 있으면 반드시 발의 반사구에 응어리가 생기거나 부종이나 울혈이 나타난다.

응어리와 충혈은 전신의 혈액과 기의 순환을 방해하고 있으므로 그것을 제거해 주면 몸의 활동은 본래대로 돌아와 건강이 회복된다. 동시에 발을 맛사지하는 것으로 인간의 손이 직접 만질수 없는 체내의 약한 부분을 활성화시킬 수가 있다. 이것은 어디까지나 몸 전체를 염두에 둔 종합적 이라는 것을 잊지 말아야 한다.

동양의학의 건강관은 전체성을 기본으로 하고 있다. 분명히 몸의 각 부분에 대응한 반사구를 자극하면 그 부분은 활성화 된다. 그러나 인간의 몸은 기계와 같은 부분의 집합체는 아니다. 모든 장기나 기관은 그것만이 단독으로 활동하고 있다 는 것은 아니고, 반드시 다른 장기나 기관과 연휴하여 활동하고 있는 것이다.

그러므로 상태가 좋지 않은 부분의 반사구만을 열심히 맛사지해도 그것만으로는 나무를 보고 숲을 보지 않는것으로 되어버린다. 또 그 반사구를 맛사지하여 그곳에 고여있던 응어리를 주물러 풀어도 더라운 것이 배설되지 않으면 단지 오물을 분산시키는 것으로 끝나고 만다.

동양의학에서는 유해물이 체내에 들어 왔을 경우 그것을 쫓아내어 조화를 유지하려고 한다. 이것 때문에 배설이 무엇보다고 중요시 되고있다.

몸전체의 혈액순환를 좋게하여 유해물질을 배설하는 활동을 도와줄 필요가 있는 것이다. 배설에 관계하는 기본 반사구 신장, 륜뇨관, 방광, 무릎의 뒤쪽을 특히 정성껏 주물러 주어야 한다.

이러한 배설의 원리를 중요하게 생각하기 때문이다.

그러나 그것은 몸전체의 기능을 활성화시킴으로서 효과가 나타나는 것이다. 통증이나 불쾌한 증상을 빨리 치료하고 싶다고 조급해 하는 기분은 알겠지만, 몸전체의 자연 치유력을 높이는 것이 건강에의 지름길이라는 것을 꼭 이해해야 한다.

순서로는 우선 발 전체를 잘 맛사지하고 나서 각각의 증상에 맞춘 포인트를 주무르도록 한다. 발 전체를 맛사지하는 가운데에서 신경 쓰이는 부분, 상태가 나쁜 부분을, 특별히 신경 써서 주무른다는 방법이라도 상관없다.

물론 관지법은 자기 혼자서도 할 수 있고 맛사지의 포인트나 주물기 방법은 같다. 자기의 손으로는 도저히 주무르기 힘든 장소가 있는 것 같으면 가능하면 가족의 누구에게라도 협력 받으면 한층 효과적이다.

2, 어깨결림, 몸의 통증이 심한데 주무르기, 담배불 뜸

 짓눌리는 듯한 통증이 심한 어깨 결림. 누구라도 한 번은 이 불쾌한 증상을 경험한 일이 있을 것이다. 어깨결림은 눈이나 손의 사용이 지나쳐 긴장의 연속으로부터 오는 근육피로, 스트레스, 과로 등 이 원인으로 근육이 굳어져서 혈액의 흐름이 지체되어 신진대사가 나빠지기 때문에 일어난다.

 특히 최근에는 컴퓨터나 워드프로세스에 장시간 같은 자세로 향하는 젊은 여성에게 어깨결림으로 고민하고 있는 사람이 증가하고 있다. 가끔 일손을 멈추고 어깨를 돌리거나 몸을 전후 좌우로 움직이는 유연 체조를 하면 증상은 완화 된다. 그러나 특별히 원인이 없는데도 불구하고 만성적인 어깨결림이 계속되는 경우는 내장질환이나 고혈압 등의 병이 잠복하고 있을 가능성도 있으므로 한번 의사에게 상담해봐 야 한다.

 관지법에서 어깨결림을 고치는데는 발의 바깥쪽, 새끼발가락과 장심의 중간을 잘 주물러 풀어주어야 한다. 여기에는 어깨에 대응하는 반사구가 있어 만성의 어깨결림에 고민하고 있는 사람은 예외없이 이 부분이 울혈하고 있어 응어리가 있다. 또 어깨와 목은 운동하고 있어 어깨가 결리면 반드시 목도 아프게 되기 때문에 엄지발가락의 옆쪽에 있는 삼차신경(안면을 지배하는 신경)의 반사구와 엄지발가락의 뿌리의 약간위에 있는 목의 반사구를 정성껏 주물러 주면 된다. 순서는 어느 쪽을 먼저하든 상관없지만 어깨와 목은 1세트로 생각하고 반드시 양쪽의 반사구를 주무르도록 한다.

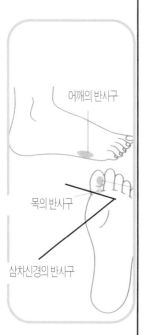

어깨의 반사구

목의 반사구

삼차신경의 반사구

어깨 결림, 목의 통증을 없애는 발 주무르기와 담배불뜸

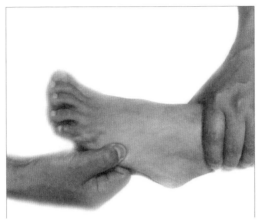

1, 발의 바깥쪽, 새끼발가락의 뿌리 밑에 있는 어깨의 반사구를 강하게 눌러 부치듯이 주물러 푼다.

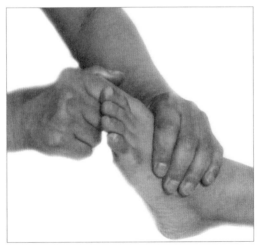

2, 엄지발가락에 있는 삼차신경과 목의 반사구를 주무른다. 반드시 어깨와 목 양쪽의 반사구를 주무를 것.

담배불뜸은 반사구 경혈에 실시한다.

3, 팔꿈치 40견,50견 통증에 주무르기 담배불 뜸

어깨에 강한 통증이 느껴지고 관절의 움직임이 둔해지는 40견, 50견은 40세 이상의 중 고령자에게 많이 볼 수 있기 때문에 이렇게 불리우고 있다. 이것은 어깨를 둘러쌓는 힘줄(건)이나 관절액을 축적하고 있는 활액포라는 부분이 염증을 이르켜 석탄화되는 것이 원인이다. 갑자기 발병한 경우에는 수일에서 낫는 경우도 있으나 만성화되면 낫는데까지 시간이 걸림으로 통증을 느끼면 바로 발을 주무를 것을 권한다.

통증에 직접 효과있는 것은 손목, 팔꿈치, 겨드랑이 등의 팔의 맛사지이지만 체질을 개선하고 통증의 원인을 근본부터 차단하는 데는 발을 확실하게 주무르는 것이 중요하다.

우선 새끼발가락과 엄지발가락의 뿌리 옆의 툭 튀어나온 볼의 부분을 눌러 찌그러뜨릴 듯한 느낌으로 강하게 주물러야 한다.

다음은 발과 손의 림프절의 포인트를 주무른다. 우선 복사뼈의 안쪽과 바깥쪽 발목의 중앙 3점을 확실하게(힘껏). 게다가 손목의 안쪽, 팔꿈치의 안쪽 겨드랑이 아래의 림프절을 힘을 넣어 주물러 간다. 팔꿈치의 통증도 같은 요령으로(주무르기로) 고칠 수가 있다.

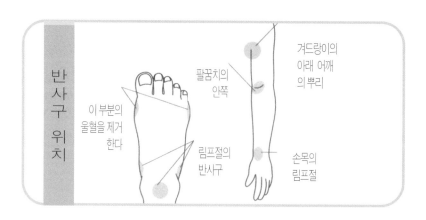

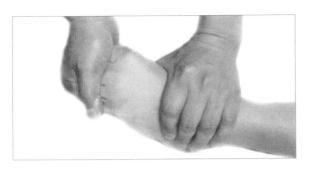

1, 새끼발가락, 엄지발가락의 뿌리 옆의 볼(툭 튀어나온 곳을 눌러 찌그러뜨리듯한 느낌으로 힘을 주어 주무른다.

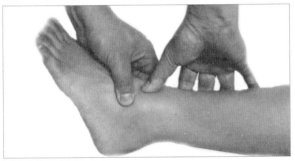

2, 복사뼈의 안쪽과 바깥쪽 발목의 중앙의 림프절의 3포인트를 정성껏 주무른다.

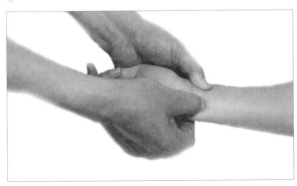

3, 손목의 안쪽에 있는 림프절의 포인트를 양손 엄지로 힘을 주어 주무른다.

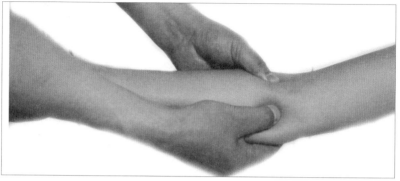

4, 팔꿈치의 안쪽의 림프절의 포인트 양손의 엄지를 꾸욱 눌러넣듯이 주무른다.

5, 겨드랑이 아래를 중심으로 어깨의 뿌리의 림프절의 포인트에 손가락을 꾸욱 넣어서 주무른다.

담배불뜸은 반사구 경혈에 실시한다.

만성적인 요통에 고민하고 있는 사람은 우선 발을 의심해 주어야 한다. 또 내장질환이나 감기, 생리통도 요통의 원인이되며 특히, 요통이 심해서 혈뇨를 수반하는 경우는 신장의 병이나 뇨관결석의 의심이 된다. 허리를 틀거나 무거운 것을 억지로 들어올렸을 때 갑자기 허리에 심한 통증이 생기는 돌발성 요통은 뼈나 추간판의 이상에 의해 신경이 압박당하거나 뼈의 주위의 근육에 염증이 생기거나 경직되거나 했을 때에 일어난다.

돌발성 요통은 방치해 두면 만성적인 요통으로 연결된다. 서둘러 치료를 하도록 해야 한다. 우선 안정하고 엎드려서 환부를 차게 하여 1~2일 지나서 통증이 다소 완화되어 오면 이번에는 온습포(따뜻한 물에 적신 수건)나 드라이기로 환부를 따뜻하게 한다. 동시에 다음의 반사구를 맛사지해 준다.. 우선 복사뼈아래의 림프절, 고관절(사타구니 관절)의 반사구를 손가락으로 강하게 누르듯이 하여 주무르고 계속해서 발등의 바깥쪽(새끼 발가락쪽)에 있는 견갑골 안쪽(엄지 발가락쪽)에 있는 「요추, 척추」의 반사구를 힘을 주어 주물러 간다. 견갑골과 요추, 척추는 어느쪽을 먼저 주물러도 상관없다. 또 허리를 천천히 회전시키는 유연체조도 좋다.

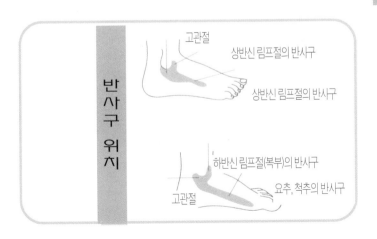

반사구 위치

고관절
상반신 림프절의 반사구
상반신 림프절의 반사구
하반신 림프절(복부)의 반사구
요추, 척추의 반사구
고관절

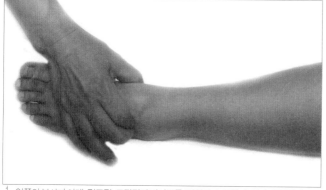

1, 양쪽의 복사뼈 아래 림프절 고관절의 반사구를 강하게 누르듯이 하여 주무른다.

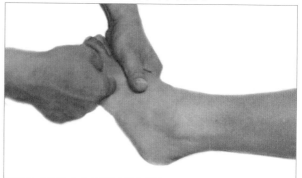

2, 발의 바깥쪽(새끼 발가락쪽)을 복사뼈의 밑으로부터 발가락 끝을 향하여 강하게 눌러 내려간다.

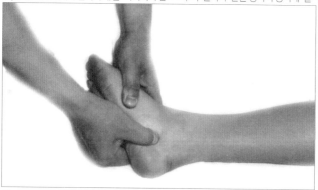

3, 이번에는 안쪽(엄지 발가락쪽)을 복사뼈의 아래로부터 발가락 끝을 향하여 서서히 눌러 내려간다.

요통과 마찬가지로 무릎의 통증도 발치의 뒤틀림이나 이상이 커다란 원인으로 되어있다.

신발이 안 맞거나 걸음걸이가 나쁘면 중심이 불안정하여 무릎에 무리한 힘이 가해지고 만다.

이와같은 상태가 계속되면 무릎 관절의 내부에 염증이 생겨 통증이 나타나는 것이다. 그리고 바른 자세와 걸음걸이를 해서 무릎에 부담을 주지 않도록 한다.

바른 자세란 등줄기가 올바르게 펴져 있는 상태다. 또 발의 근육을 단련하고 매일 30분 정도 다소 빠른 걸음으로 걷도록 권한다.

물론 발에 맞는 신발을 신고 말이다. 무릎의 관절을 지탱하는 근육을 강하게 하기 위해서는 의자에 걸터앉아 발을 전후로 움직이는 운동을 하는 것도 효과적이다. 우선 무릎의 뒤쪽을 양손으로 꾸욱 힘을 주어 정성껏 주무른다. 여기는 뇨산이 고이기 쉬운 곳이기 때문에 잘 주물러 노폐물의 배설을 촉진하도록 한다. 이어서 무릎의 종지뼈 주위를 양손으로 잘 주무른다. 마무리로 무릎까지 장단지의 뒤쪽을 위로 향하여 아플 정도록 강하게 쓸어 올려 근육의 혈액순환을 좋게 해야 한다.

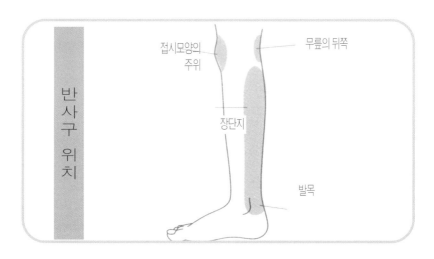

반사구 위치

접시모양의 주위

무릎의 뒤쪽

장단지

발목

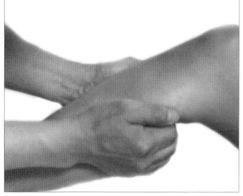

1, 양손에 힘을 주어 무릎의 뒤쪽을 주물러 부수듯이 올라간다. 여기는 뇨산이 고이기 쉬우므로 정성껏 만진다.

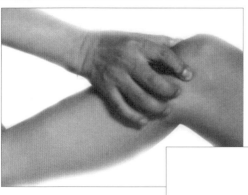

2, 무릎의 종지뼈의 주위를 힘껏 주무른다. 손의 엄지와 인지로 접시 모양으로 끼우고 꾸욱 힘을 준다.

3, 아킬레스건에서 무릎까지 장단지의 뒤쪽을 아래에서 위로 강하게 주물러 올린다.

담배불뜸은 반사구 경혈에 실시한다.

좌골신경은 허리에서 나와 다리의 뒤쪽을 지나 발의 운동.지각의 담당하고 있는 인체 내에서 가장 긴 신경이다. 주간판 헤르니아(서혜부 헤르니아)등의 척추의 장해에 의하여 이 신경이 압박당하면 좌골신경통으로 된다. 또 발치의 뒤틀림이 원인인 척추변형증 외에 당뇨병, 암의 이외 알콜중독 등에 의해서도 발병한다. 무릎 뒤에서 뒷꿈치에 걸쳐 찌르는 듯이 심한 통증이 달려서 빠지는 듯한 느낌이 생길 때는 좌골신경통의 의심을 한다.

좌골신경통의 통증으로 완화시키는데는 다리의 뿌리에서 발목까지 좌골신경에 연하듯이 바깥쪽을 위에서 아래로 향하여 주물러 간다. 롤러를 손에 쥐고 강하게 밀어붙이듯이하여 주물러도 좋다.

무릎의 바깥쪽의 조금 아래에 경혈이 있으므로 여기를 꾸욱 누르듯이 하여 힘껏 맛사지해 준다. 발목까지 정성껏 주무른 후에는 정강이를 양손으로 강하게 주무른다.

다만 좌골신경통의 원인은 주간판 헤르니아인 경우가 많고 내장의 병이 관계되는 일도 있으므로 전문의에게 상담하는 것을 권한다.

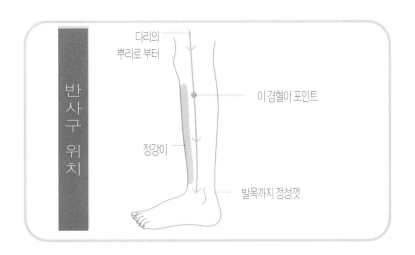

반사구 위치

다리의 뿌리로 부터

이 경혈이 포인트

정강이

발목까지 정성껏

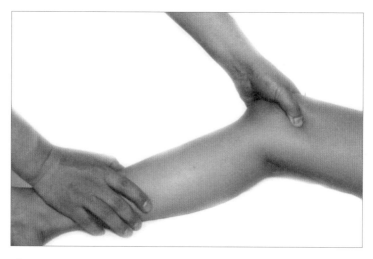

1. 다리의 뿌리를 주무른다. 손가락을 밀어 넣듯이 하여 힘을 주어 맛사지한다.

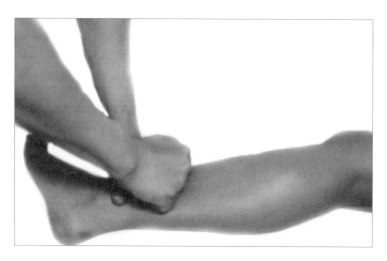

2. 허벅지의 바깥쪽을 좌골신경에 연하게 위로부터 아래로 주먹으로 강하게 문질러 간다.

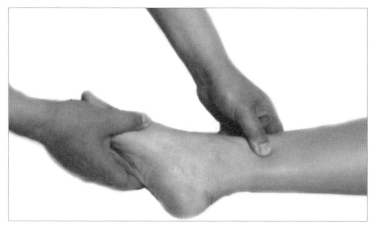

3, 장딴지는 조금 아플 정도로 힘을 주어 맛사지한다. 발목까지 정성껏 문지른다.

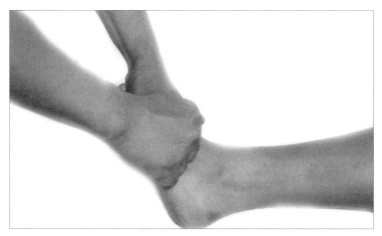

4, 마지막으로 정강이를 맛사지 한다. 지각을 사용하여 꾸욱 힘을 주어 강하게 문지른다.

담배불뜸은 반사구 경혈에 실시
한다.

나이가 들음과 동시에 고혈압인 사람은 증가하여 70대에서는 약 반수의 사람에게서 볼 수 있다. 가령(나이를 한 살 더 먹음)의 외에 염분의 과다 섭취, 비만, 스트레스 등도 고혈압을 초래하는 원인이다. 고혈압은 동맥경화와 깊이 관계하여 협심증, 심근경색 등의 심장질환, 고혈압성 뇌증, 뇌출혈등의 뇌혈관 질환을 일으키는 원인으로 된다.

한편 저혈압을 젊은 여성이나 마른형으로 근육이 적은 사람에게 많고 피곤하기 쉽고 나른하다. 잠자고 일어나기가 힘든 등의 증상이 나타나는 일이 있다. 혈압을 정상으로 하는데는 다리의 운동이 가장 효과적이다. 다리를 움직이면 전신의 혈액순환이 좋게 되기 때문이다.

특히 고혈압에 대해서는 평소부터 몸을 움직이고 있으면 동맥경화가 진행되기 어렵고 심근경색의 예방에 효과있는 것이 알려져 있다. 운동과 함께 발을 주물러 혈행을 좋게 해라. 엄지발가락을 잡고 돌리면서 전체를 문질러 부드럽게 해준 다음에 복사뼈의 림프절을 손가락에 힘을 주어 자극한다. 다시금 무릎의 뒤쪽까지를 밑으로부터 위로 향하여 정성껏 주무른다. 혈압이 정상이 아닌 경우에는 여기가 땡기고 있기 때문에 잘 주물러 풀어주어야 한다. 마지막으로 다리의 뿌리를 맛사지 한다

7, 고혈압, 저혈압에 주무르기, 담배불뜸

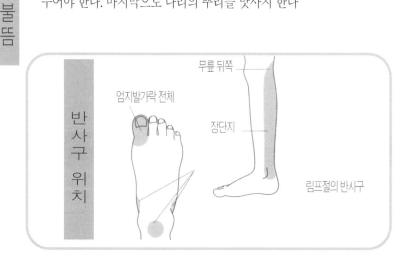

반사구 위치

엄지발가락 전체

무릎 뒤쪽

장단지

림프절의 반사구

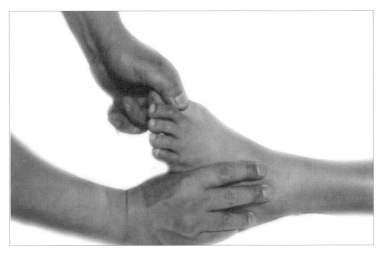

1, 발의 엄지 발가락을 잡고 잘 돌려 주물러서 부드럽게 한다. 엄지발가락 옆쪽도 골고루 실시한다.

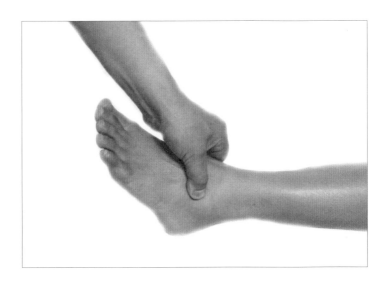

2, 손가락을 강하게 밀어 붙이듯이 하여 복사뼈의 림프절의 3포인트를 주무른다.

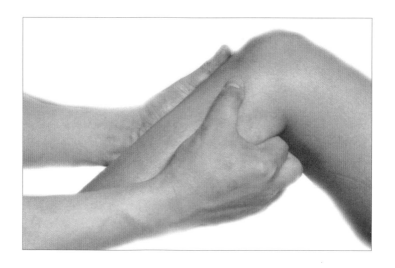

3, 아킬레스건으로부터 무릎의 뒤쪽까지 밑으로부터 위로 향하여 양손으로 확실히 주물러 푼다.

담배불뜸은 반사구 경혈에 실시한다.

협심증이나 심근경색같은 허혈성 심질환에 의한 사망의 반수 이상을 점하고 있다. 허혈성 심질환을 일으키는 주요한 원인으로서는 동맥경화를 들 수 있다. 이것은 동맥의 혈관이 약하게 되거나 좁아지거나 막혀 버리고 만다는 병태(병의 상태)다.

심장은 관상동맥의 혈액에서 산소나 영양소를 받아서 그것을 에너지원으로서 전신에 혈액을 보내는 활동을 계속하고 있다. 이 관상동맥이 동맥경화를 일으켜서 혈액이 흐르기 어려워지면 심장은 일시적으로 허혈(빈혈) 즉, 혈액이 부족한 상태에 빠진다. 그러면 충분한 산소나 영양소가 공급되지 않게 되어 심장의 근육(심근)에 이상이 생겨 가슴이 압박당하는 것 같은 통증을 수반하는 발작이 일어난다. 이것이 협심증이다. 협심증이 진행되어 죽같은 덩어리(죽종이라 한다)나 혈전이 생겨 관상동맥이 막혀버리면 심근의 세포는 괴사하고 만다.

이것이 심근경색으로 자주 심부전을 발증하여 중증인 경우에는 죽음에 이른다. 발작을 일으키면 곧장 병원에 가는것 밖에는 손쓸 수가 없다.

동맥은 노화가 진행되면 약해지기 때문에 동맥경화는 연령과 함께 진행하고 있다. 그 진행을 재촉하는 요인은 위험인자(리스크 팩터)라 불리워 고혈압, 운동부족, 비만, 고지혈증, 당뇨병, 스트레스 등이 열거되고 있다. 이것들을 멀리 하는 생활을 평소부터 신경써서 동맥경화를 예방하는 것이 협심증, 심근경색의 예방에 연결 된다.

또 심장의 부담을 가볍게 하는데는 전신의 혈액순환을 촉진하는 발의 운동이 효과적이다.. 치명적인 데미지를 받기 전에 평소부터 걷는다든지 발을 맛사지하여 심장을 지키도록 한다.

특히 심장이 약한 사람이나 아무래도 상태가 이상하다고 생각되는 경우에는 발다닥, 잠심에서 다소 앞부분을 주무르도록 한다. 여기에는 심장과 부신의 반사구가 있다. 지각을 좌우로 움직이면서 꼬욱 힘을 주어야 한다.

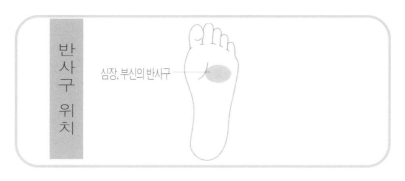

심장, 부신의 반사구

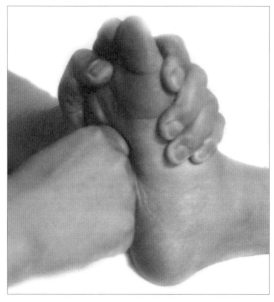

장심의 약간 앞쪽에 있는 「심장」과 「부신」의 반사구를 지각으로 눌러 넣듯이 하며 주무른다(문지른다).

담배불뜸은 반사구 경혈에 실시 한다.

넓은 의미에서의 류마티스에는 교원병(류마티즘이나 공피증 따위)이나 통풍 등도 포함되어 전문적으로는 류마티스성질환이라 불리우지만 일반적으로 류마티스라는 경우는 만성 관전 류마티스를 지칭하는 것이 대부분이다.

만성 관절류마티스는 몸의 이곳저곳의 관절에 염증이 생겨 관절염이 진행하면 손이나 발의 가락이 변형되어 온다는 병으로 미생물의 감염과 자기면역(뭔가의 원인으로 면역기구가 무너져 자기에 대하여 항체를 만드는 것이 커다란 원인으로 생각되고 있다. 20~40세대에 발병하기 쉽고 남녀 비율은 1대 3~5로 여성에게 많은 것이 특징이다.

초기단계에서의 특징적인 증상으로는 손이 뻣뻣해지고 특히 아침에 강하게 나타니기 때문에 모닝 스티프네스라고한다. 관절염은 격렬한 통증을 수반하며 또 전신 증상으로서 권태감, 식욕부진, 빈혈, 미열 등 도 볼 수 있다. 관지법에서는 류마티스 그 자체를 고칠 수는 없지만 관절염의 염증을 완하시키는 것은 가능하다. 류마티스를 앓고 있는 사람은 대개 발가락의 제2관절에 뇨산 결정이 고여 부풀어 있다. 통증을 멈추는데는 탕 속에서 새끼 발가락으로 부터 엄지발가락까지를 부드럽게 주물러 관절에 고인 뇨산 결정을 제거해 주는 것이 효과적이다.

또 류마티스의 통증에는 찬 것이 대적이므로 두터운 양말을 신는 다거나, 무릎덮게 등을 해서 몸을 차게 하지 않도록 하는 것이 중요하다.

관절의 통증이나 뻣뻣한 감은 전신의 입욕(목욕)이나 손발을 탕으로 따뜻하게 하는 것으로 부드럽게 하는 일이 좋다.

류마티스의 치료에는 식사의 배려도 필요하다. 자극이 적고 소화가 잘 되는 식품을 다품목, 밸런스 좋게 취하는 것을 권한다. 특히 담백질, 칼슘, 비타민, 철분을 풍부하게 함유한 식품을 취한다. 비만은 하반신의 부담으로 과식에 신경을 쓰고 표준 체중을 유지하도록 한다.

류마티스에는 여러 가지 타입이 있다. 만성, 진행성이라면 긴 요양 기간이 필요하게 되지만 발증의 초기 단계로부터 정확히 치료하면 비교적 단기간 내에 증상을 억제할 수 있다. 악화되기 전에 일찍 의사에게 상담하는 것이 중요하다.

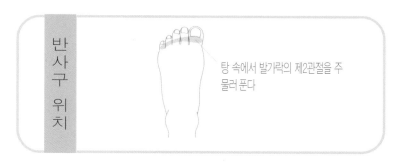

반사구 위치

탕 속에서 발가락의 제2관절을 주물러 푼다

탕 속에서 발가락의 제 2관절을 주물러 풀어 관절에 고인 뇨산결정을 제거한다.

담배불뜸은 반사구 경혈에 실시한다.

위염에는 급성위염과 만성위염이 있다. 급성위염의 주된 원인으로서는 과식, 과음을 비롯하여 차거운 것이나 뜨거운 것, 자극물을 취하는 일, 불섭생 등이 열거되고 있다. 또 긴장으로 위가 찌르듯이 아프다 라는 것을 경험한 사람도 많을 것이라고 생각하지만 정신적인 스트레스도 위염의 커다란 원인의 하나다. 급성 위염은 식사에 신경을 써서 안정하면 대개의 경우 1~2일로 좋아진다. 소화에 나쁜 것, 자극물, 지방이 많은 것, 맛이 찐한 것은 먹지 않도록 하고 규칙있는 생활이 중요하다. 위염은 만성화 되면 위궤양이 되는 일이 있으므로 빨리 고치는 것이 중요하다.

단지 생각나는 원인이 없거나 증상이 좋아지지 않는 경우는 궤양이나 암등의 중대한 병이 잠재되어 있는 일이 있으므로 의사에게 상담하도록 한다.

위의 통증을 해소하는 포인트는 장과 소화기의 반사구다. 우선 발바닥 중앙에서 장심전체에 걸쳐서의 장의 반사구를 엄지를 눌러 넣듯이 하여 강하게 주무른다.

다음에 발의 안쪽에서 바닥에 걸쳐서 장심에 따라 강하게 누르면서 주물러(문질러)라.

여기는 소화기의 반사구다. 정성껏 맛사지하고 있으면 차츰 나이질 것이다.

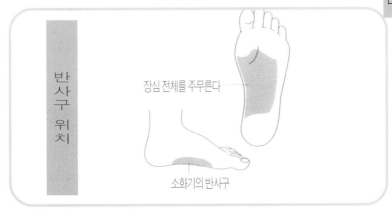

반사구 위치

장심 전체를 주무른다

소화기의 반사구

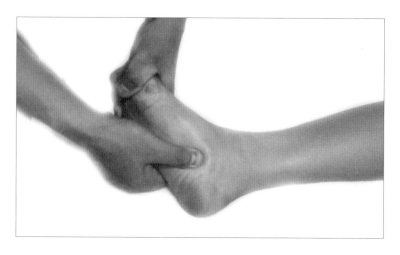

1, 발다박의 중앙에서 장심에 걸쳐서의 장의 반사구를 엄지로 눌러넣듯이 하여 주무른다.

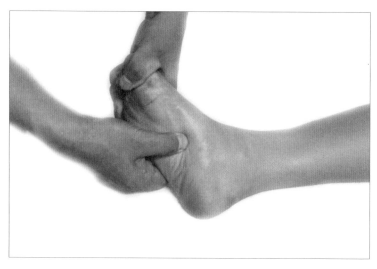

2, 발의 옆쪽 소화기의 반사구를 주무른다. 장심에 따라 강하게 누르도록 한다.

당뇨병은 혈액중의 포도당의 농도가 높아지는 병으로 췌장의 랑게르한스섬(췌장속에 산재하는 섬모양의 내분비 세포군으로 인슐린을 분비한다) β세포로부터 분비되는 인슐린이라는 호르몬의 부족에 의해 일어난다. 초기에는 거의 자각증상이 없고 어느 정도 진행되면 몹시 목이 말라 물을 많이 마시며 오줌의 양이 증가하고 몸이 나른하고 여위어 오는 등의 증상이 나타난다. 게다가 진행되면 당뇨병성 망막증, 신증, 신경장애 등 갖가지 합병증을 일으키며 최악의 경우 생명에 관계되는 일도 있다.

당뇨병은 유전적인 체질에 과식, 비만, 운동부족등의 요인이 더하여 발증한다고 해석하지만 아직 근복적인 치료법은 확립되어 있지 않고 있으나 식이요법과 운동요법에 의해 건강한 사람과 마찬가지로 생활할 수가 있다.

당뇨병의 합병증은 혈행 장해에 의한 것이 많기 때문에 혈액의 순환을 좋게 하는 관지법은 예방에 최적이라고 할 수 있다. 식사, 운동요법과 동시에 다음의 순서로 발의 맛사지를 끈기있게 계속해 주면. 우선 엄지발가락의 아래에 있는 부갑상선 갑상선의 반사구를 잘 주물러 풀어 호르몬의 밸런스를 맞춘다.

다음에 그 약간 아래 발바닥의 안쪽에 있는 췌장의 반사구를 손가락으로 눌러넣듯이 하여 주물러 인슐린의 분비를 돕는다.

마지막으로 신장에서 륜뇨관 방광에 걸쳐서의 기본 반사구를 강하게 맛사지 해 준다.

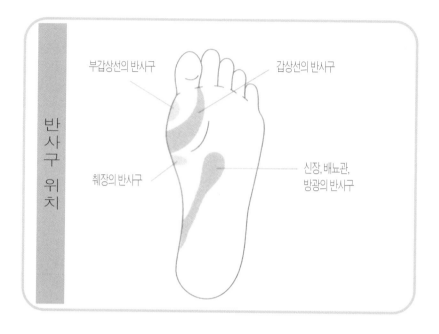

반사구 위치

부갑상선의 반사구

갑상선의 반사구

췌장의 반사구

신장, 배뇨관, 방광의 반사구

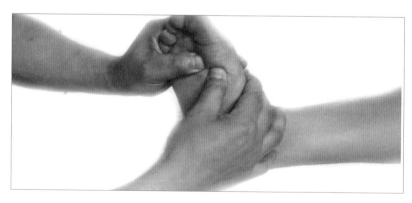

1. 엄지발가락의 뿌리밑에 있는 부갑상선 갑상선의 반사구를 손가락을 눌러 넣듯이 주무른다.

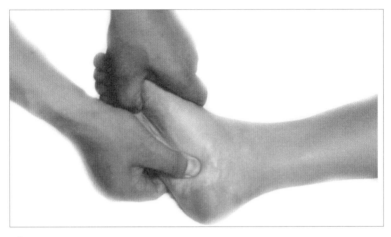

2, 발바닥의 안쪽에 있는 췌장의 반사구를 잘 주물러서 인슐린의 분비를 촉진 시킨다.

 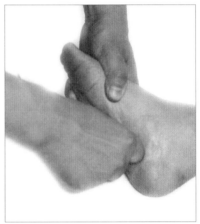

3, 신장에서 륜뇨관 방광에 걸쳐서의 기본 반사구를 지각을 사용하여 주물러 푼다.

담배불뜸은 반사구 경혈에 실시
한다.

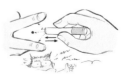

간장은 몸 최대의장기로 ① 영양분의 분해와 합성 ② 영양분의 저장 ③ 알콜등 유해물의 분해 해독 ④ 담즙의 생산 등 생명을 유지하는 중요한 활동을 하고 있다. 간장을 인체의 공장이라고 할 수 있다.

한편, 간장은 말없는 장기라고 불리우고 있듯이 데미지를 받아도 좀체 증상이 나타나지 않는다는 번거로운 면을 가지고 있다. 그러나 아무 자각 증상이 없는 것은 아니고 간장에 이상이 일어나면 권태감, 식욕부진, 토기(구역질) 등 외에 오른쪽 늑골의 아래나 오른쪽 가슴, 오른쪽 어깨, 등, 허리등에 둔탁한 통증이 생기는 경우도 있다. 또 간장병의 특징적인 증상으로서 황달이 있고 피부나 흰자위 부분이 황색을 나타내며 오줌이 간장 같은 갈색이 되는 일이 있다.

간장병을 일으키는 주된 원인으로서는 알콜과 윌스(바이러스)가 지적되고 있다. 알콜에 의한 병에는 알콜성 지방간, 간염, 간성유증 등이 있어 오래 가면 간경변을 이르킬 가능성이 있다.

예방의 제1은 당연한 일이지만 과음을 하지 말 것이다. 그밖에 주에 2일 이상의 휴간일(간을 쉬게 하는 날)을 만드는 영양밸런스가 취해진 식사를 신경써서 간장에 부담을 주지 않도록 한다.

윌스(바이러스)에 의한 병으로서는 바이러스성 간염이 있다. 알콜도간염을 일으키는 원인이 되지만 만성간염의 태반은 간염바이러스에 의한것이라고 한다. A형, B형 바이러스에 의한 급성 간염은 거의가 만성화되는 것은 아니지만 C형간염은 만성화되기 쉬우므로 주의해야 한다.

만성간염이 진행되면 간경변을 일으키며 다시금 간암으로 진행되는 일이 있다.

이와 같이 비교적 가벼운 장애로부터 무거운 장애로 이어져 가는 것이 간장병의 특징이므로 평소부터 발을 잘 맛사지하여 간장의 기능을 향상시켜 간장병을 예방하도록 한다.

간장」의 반사구는 오른발 바닥의 중앙에 있다. (오른발에만 있음을 주의) 깊은 부분에 있기 때문에 지각으로 꾸욱 힘을 넣도록하여 주물러준다.

술을 과음했을 때 잘 맛사지 하여 또 맛사지 하기 전에 다음과 같이 주무르면 막을 수가 있다

반
사
구
위
치

간장의 반사구

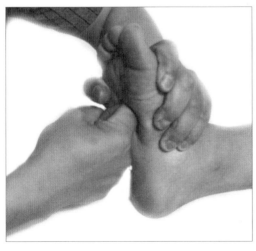

오른발바닥에 있는 간장의 반사구를 지각으로 강하게 주무른다. 길은 부분에 있게 때문에 힘을 넣어서 실시한다.

담배불뜸은 반사구 경혈에 실시한다.

신장은 혈액을 여과하여 노폐물이나 여분의 물, 염분을 제거 그것을 오줌으로 배출하고 있다. 이 활동에 의하여 혈액의 성분은 일정하게 유지되는 것이다. 그런데 신장의 기능이 저하하면 본래는 버려야 할 물이나 염분, 노폐물이 체내에 남아 체액의 밸런스가 무너져서 최악의 경우 생명의 위험까지받는다.

신장병의 특징적인 증상의 하나로 부종이 있다. 체내의 세포조직에 여분의 수분 등이 고여서 일어나는 것으로 눈 주위에 부종이 나타난다면 신장병을 의심하는 쪽이 좋을 것이다. 이밖에 병에 의해 혈뇨(피오줌)나 담백뇨, 고혈압 증상이 보이는 일이 있다. 신장병에는 급성, 만성심염, 급성 만성신부전등이 있어 염분제한등의 식이요법이 행하여 진다. 신부전은 신기능이 현저히 저하된 상태로 만성신부전은 만성신염이 진행하여 일어나는 경우가 대부분다. 신부전이 다시금 진행되어 신기능이 극도로 저하하여 노폐물이 체외로 배출되지 않게되면 뇨독증을 이르켜 인공투석이 필요하게 된다. 관지법으로 신장의 반사구를 매일 맞사지하여 신장의 기능을 활성화시켜 신장병을 예방하도록 한다.

신장의 반사구는 발바닥의 중앙부분에 있다. 거기에서 륜뇨관 방광까지의 기본 반사구를 지각을 눌러넣듯이 하여 정성껏 주물러 준다.

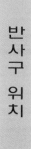

반사구 위치

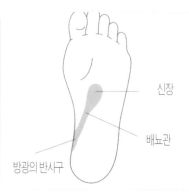

신장

배뇨관

방광의 반사구

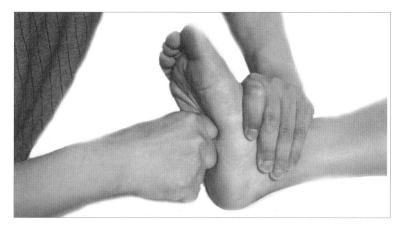

1, 발바닥의 중앙 부분에 있는 신장의 반사구를 지각으로 꾸욱 눌러 넣듯이 주무른다.

2, 서서히 아래로 주물러 풀어가서 륜뇨관에서 방광의 반사구까지 정성껏 주무른다.

담배불뜸은 반사구 경혈에 실시
한다.

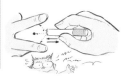

치질이란 치각, 열항, 치루, 탈항, 항문 주위염 등 항문 주변에 일어나는 병의 총칭이다. 그중 치액, 열함, 치루가 9할을 점하며 일반적으로 치질이라고 하면 이 3가지를 지칭한다.

치질은 소위 수치질을 말한다. 항문의 주변에는 정맥이 그물 처럼 달려 있다. 이 정맥이 울혈하여 부어오른 상태가 수치질이다. 직장의 안쪽에 생기는 내치액과 바깥쪽에 생기는 외치액으로 나누어져 어느 것이나 변비가 커다란 원인이 된다. 열항은 소위 항문열상이다. 배변 때 변에 쓸려서 할문의 점막이 찢어지는 것으로 출혈과 통증을 수반한다. 치루는 혈치라 하여 세균의 감염에 의하여 괴상이 생겨 항문 주변의 피부에 구멍이 생긴다는 것이다.

치질을 예방하는데는 변비와설사를 하지 않는 것이 중요하다. 특히 변비는 배변시에 항문을 상처 입히거나 울혈의 원인이 되기도 하므로 주의하지 않으면 안 된다. 또 배변후에는 샤워로 씻거나 하여 항문부의 청경을 유지하는 것도 중요하다.

항문의 괄약근을 활성화시키는 것도 치질 예방에 도움이 된다. 발바닥의 장심의 아래에 있는 항문의 반사구와 뒷꿈치의 복판에 있는 생식선의 반사구를 잘 맛사지 해 준다. 여기는 주무르는것에 의해 통증을 빨리 완하시키는 것도 가능하다.

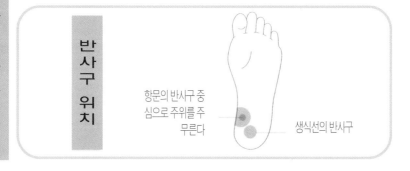

반사구 위치

항문의 반사구 중심으로 주위를 주무른다

생식선의 반사구

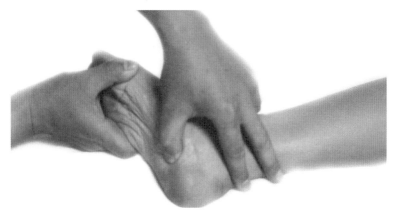

1, 항문의 반사구를 주물러 괄약근을 활성화 시킨다. 깊은 곳에 있으므로 힘을 주어서 문지른다

2, 뒷꿈치의 복판에 있는 「생식선」의 반사구를 지각으로 눌러넣듯이 강하게 주무른다.

담배불뜸은 반사구 경혈에 실시한다.

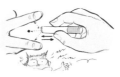

비강(콧구멍)의 주위에는 부비강이라는 4개의 공동이 있다.

부비강에 염증이 일어나서 콧물이 고이는 병이 부비강염으로 이것이 만성화된 것이 축농증이다.

축농증이 되면 항상 코가 막혀 있는 상태가 계속되어 고름같은 콧물이 목구멍까지 내려오기도 한다. 후각이 저하되어 콧소리로 될 뿐만 아니라 콧물이 신경쓰여 집중력이 저하되고 공부의 능률이 떨어지는일도 있다. 또 안면의 통증, 발열 등의 증상이 나타나는 수도 있고, 인두염, 기관지염, 중이염등의 합병증을 일으키기 쉬워진다.

축농증은 코의 점막의 저항력이 떨어졌기 때문에 발증하는 병이므로 대 부분의 세포를 활성화시키는 일이 필요하다. 발의 엄지발가락에 있는 코와 부비강의 반사구를 잘 주물러 야 한다. 게다가 발등의 폐, 기관지」 복사뼈의 림프절, 발바닥의 신장으로부터 방광에 걸쳐서의 기본 반사구를 정성껏 주무른다. 매일 계속하고 있으면 차츰 콧물이 안나오게 되고 숨쉬기가 개선된다.

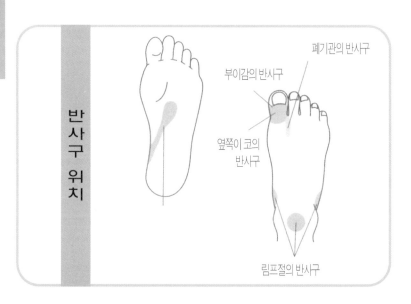

반사구 위치

폐기관의 반사구

부이감의 반사구

옆쪽이 코의 반사구

림프절의 반사구

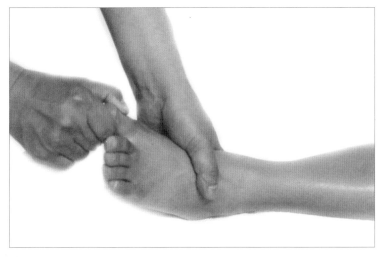

1, 엄지 발가락의 옆이 코, 발톱이 나는 곳이 부비강의 반사구 잡듯이하고 강하게 주무른다.

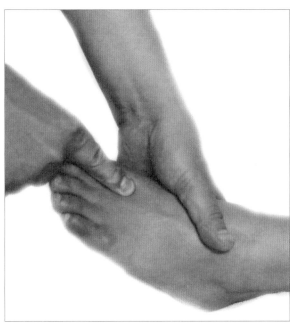

2, 발등, 엄지발가
락과 둘째 발가락
사이의 폐,기관지의
반사구를 주무른다.
손가락의 배로 강
하게 문지른다.

3, 복사뼈의 림프절 3개소를 정성껏 주물러서 이물질 배제기능을 활성화 시킨다.

4, 발바닥의 신장 류뇨관 방광의 기본 반사구를 주물러 배설 기능을 향상 시킨다.

담배불뜸은 반사구 경혈에 실시 한다.

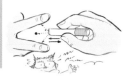

자율신경은 내장, 혈관, 선등은 지배하고 호흡, 대사, 순환 등의 생체기능을 자동적으로 조절하고 있는 신경으로 식물신경이라 불리운다. 교감신경과 부교감신경의 상반되는 활동을 가지는 2개의 신경으로부터 형성되어 양자가 서로 밸런스를 취하면서 각 기관의 활동을 조절해 간다. 예를 들면 교감신경은 혈관을 수축시키거나 발한(땀을 냄)을 촉진시키거나 억제하기도 한다.

교감신경과 부교감신경의 밸런스가 뭔가의 원인으로 무너지면 두통, 어지럼, 귀울림, 동계, 어깨결림, 불면, 냉성, 권태감 등 여러 가지 증상이 심신 양면에 나타난다. 이것이 자율신경 실조증이다. 증상이 일정치 않고 또 병원에서 검사를 해도 신체적인 이상이 발견되지 않기 때문에 마음 탓으로 처리되는 경우가 적지 않다. 흔히는 심인성이라 생각하기 때문에 심료내과 등 전문의에게 상담하기를 권한다.

발은 자율신경과 밀접한 관계가 있으므로 관지법도 자율신경 밸런스를 되찾는데 효과적이다. 장심의 안쪽에 있는 소화기의 반사구를 중심으로 장심 전체를 강하게 주물러준다. 여기에는 자율신경에 활동을 하는 반사구가 있기 때문에 정성껏 맛사지해서 자율신경을 활성화 시키도록 한다.

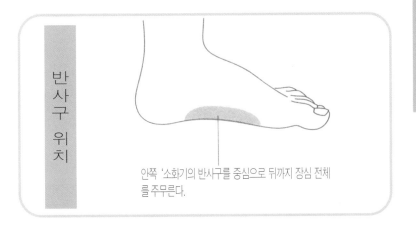

반사구 위치

안쪽 '소화기의 반사구를 중심으로 뒤까지 장심 전체를 주무른다.

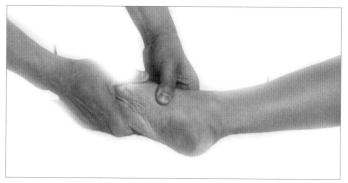

1,소화기의 반사구를 중심으로 뒤쪽까지 장심 전체를 강하게 맛사지 한다.

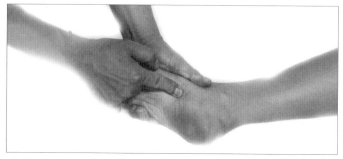

2, 인지나 주먹을 사용하여도 좋다. 손가락을 꾸욱 눌러 넣듯이하여 주물러푼다.

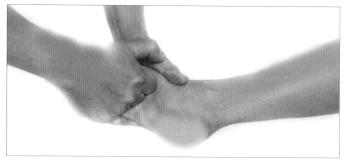

3, 주먹을 사용하는 경우. 뒷꿈치로 부터 발가락끝 방향으로 향하여 강하게 문질러 올린다.

담배불뜸은 반사구 경혈에 실시
한다.

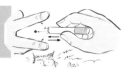

녹내장, 백내장은 안구와 그것을 둘러싼 조직의 혈액순환이 나빠져서 노폐물이 고여서 정상적인 활동을 할 수 없게 되는 것이 원인으로 일어나는 병이다.

눈은 안쪽으로 부분 일정한 압력(안압)이 가해져 적당한 굳기, 둥근형이 유지되어 있다. 안압은 모양체(털모양의 것)로 만들어지는 방수라는 액체에 의하여 조정되고 있으나 뭔가의 원인으로 방수의 흐름이 침체 되거나 하면 안압이 올라가 시신경이 압박 당하여 장해가 나타난다. 이것이 녹내장으로 격통을 수반한다.

백내장은 눈의 렌즈에 해당하는 수정체가 하얗고 탁해 오는 병으로 특히 50세 이상의 사람에게 많이 발병한다. 관지법으로 녹내장, 백내장의 증상도 차도있게 하는 「눈」의 반사구를 잘 누름과 동시에 「림프절」의 반사구를 자극하여 림프액의 흐름을 좋게하는 것이 포인트가 된다.

「눈」에 대응하는 반사구는 발의 둘째 발가락과 가운데 발가락에 있다. 둘째 발가락, 가운데 발가락의 순으로 손가락으로 강하게 잡고 비틀 듯이 주물러 준다. 특히 뿌리 부분을 정성껏 옆, 등, 바닥쪽 등 골고루 맛사지 한다. 또 복사뼈의 양쪽과 발목의 복판에 있는 림프절의반사구를 손가락으로 눌러넣듯이 주무른다. 조금 아플지도 모르지만 참고 주무른다.

17, 녹내장, 백내장을 차도있게하는 요령

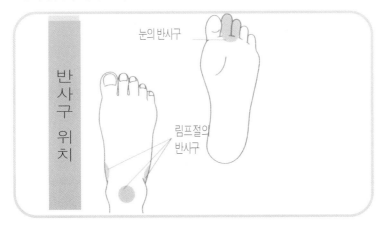

반사구 위치

눈의 반사구

림프절의 반사구

1,눈의 반사구는 둘째와 가운데 발가락. 우선 둘째 발가락을 끼우고 비틀듯이 하여 주무른다.

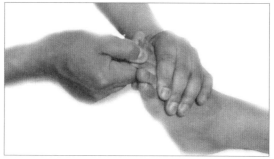

2, 다음 가운데 발가락을 주무른다. 특히 뿌리 부분을 정성껏 옆 등 바닥도 골고루 주무른다.

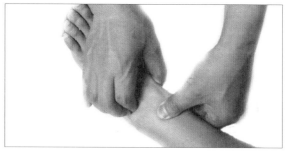

3,복사뼈의 양쪽과 발목 중앙의 림프절의 반사구 3점을 손가락에 힘을 넣어 강하게 주무른다.

담배불뜸은 반사구 경혈에 실시 한다.

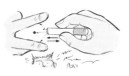

화분증 뿐만 아니고 기관지 천식, 알레르기성 비염 등의 알레르기성 질환은 요즘 증가 일로에 있다. 알레르기를 일으키는 근본이 되는 항원을 알레르겐이라 하여 화분을 비롯하여 실내에서 발생하는 먼지, 진드기나 그 배설물도 포함하여 알레르기성 질환의 원인이다., 식품, 금속, 화장품 등이 있다.

알레르겐은 그 삶의 체질에 따라 다르지만 그것을 몸의 주변에서 배제하는 것이 알레르기성 질환을 억제하는 제1의 방법이다. 그러나 화분처럼 공중을 부유하는 것도 있어 모든 것을 차단할 수는 불가능하다고 할 수있다.

그래서 관지법에서는 알레르겐이 체내에 들어와도 그것에 지지 않도록 영향을 받기 쉬운 기관을 활성화시키는 것을 목표로 한다. 발등의 인후, 폐, 기관지 복사뼈의 림프절 바닥쪽의 폐, 기관지의 반사구를 각각 잘 맛사지 해 준다.

18, 화분, 알레르기성 비염, 기관지천식

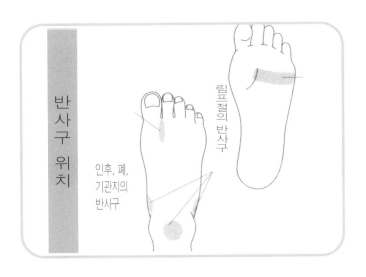

반사구 위치

림프절의 반사구

인후, 폐, 기관지의 반사구

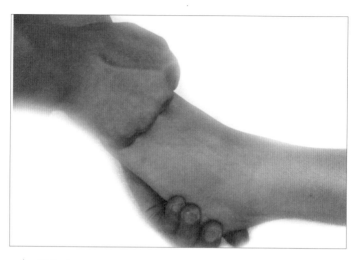

1, 발등에 있는 인후, 폐, 기관지의 반사구를 주먹을 밀어 붙이듯이 하여 주무른다.

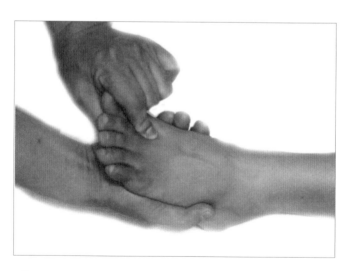

2, 엄지발가락 밑에 있는 인후, 폐, 기관지의 반사구를 손가락의 배(바닥)를 사용하여 강하게 문지르듯이 주무른다.

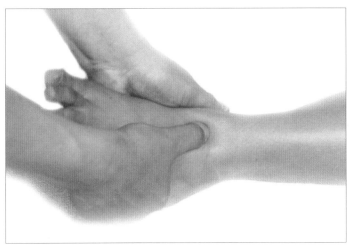

3. 복사뼈에 있는 림프절의 반사구를 정성껏 주물러서 이물질 배제기능을 활성화 시킨다.

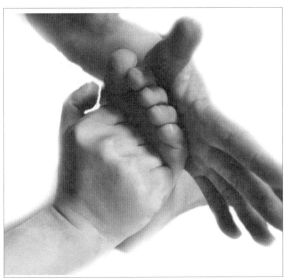

4.. 발바닥의 폐,
기관지의 반사구
를 주먹을 사용하
여 강하게 눌러
부치듯이 주무른
다.

담배불뜸은 반사구 경혈에 실시
한다.

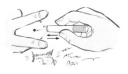

아토피성 피부염이란, 유전이나 체질 등의 요인에 의해 알레르기성 질환을 발병하기 쉬운 아토피 체질의 사람에게 일어나는 만성습진이다. 참을 수 없을 정도의 가려움을 수반하여 긁으면 다시 악화된다는 병으로 아이들에 많이 볼 수 있다. 대개는 성장과 함께 없어진다.

그러나 최근 성장해도 낫지 않거나 어른이 되어서 발병하는 예가 증가하고 있다. 아토피성 피부염의 치료에는 일반적으로 스테로이드제의 바르는 약이 사용된다.

관지법에서는 아토피성 피부염 그 자체를 치료한다기 보다 알레르기 체질을 개선하는 것에 주안 점을 두고 있다.

우선 발전체를 잘 맛사지 해 준다. 다음으로 복사뼈의 좌우와 발목의 한복판의 3개소에 있는 림프절의 반사구를 주물러 활성화시킨다.

림프절은 체내에 침입한 이물질이나 병원체를 제거하여 항체를 만드는 기관이다. 게다가 발등, 엄지발가락 밑에 있는 인후, 폐, 기관지의 반사구를 힘을 주어 주물러 풀어 준다. 동시에 진드기, 먼지, 침대의 털, 식품 등 아토피성 피부염을 일으키는 알레르겐을 생활 환경으로부터 배제하는 것도 필요하다.

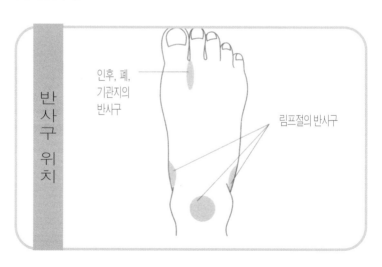

반
사
구

위
치

인후, 폐,
기관지의
반사구

림프절의 반사구

1, 발 전체를 주무른 후, 복사뼈의 림프절의 반사구를 힘을 넣어서 정성껏 주무른다.

2, 발등의 엄지발 가락 아래에 있는 인후, 폐, 기관지의 반사구를 손가락을 눌러넣듯이 하여 주무른다.

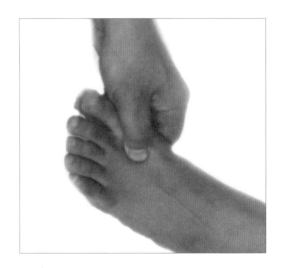

담배불뜸은 반사구 경혈에 실시 한다.

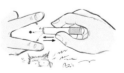

눈의 피로를 달리 안정피로라고 한다. 최근 증가하고 있는 것이 일의 필수품으로 된 패스널 컴퓨터나 워드프로세스의 사용에 의한 안정피로다. 디스플레이 (컴퓨터나 워드프로세스에서 출력 결과를 표시하는 장치)를 오랫 동안 계속하기 때문에 일어나는 것으로 심하면 눈의 피로뿐만 아니라 눈의 안개 현상, 안통, 시력 저하, 두통 등의 증상이 나타나는 경우도 있다. 이것은 VDT(비쥬얼 디스플레이 터미널) 증후군이라 불리고 있다. 새로운 직업병이라 해도 좋다. 어깨결림이나 목의 통증, 정신적인 피로, 스트레스도 눈의 피로에 연결되니까 바른자세와 환경에서 OA기로부터 가끔 일손을 멈추고 눈을 쉬게 하는 등의 대책이 필요하다. 눈이 피로 했을때, 흔히 눈약을 쓰지만 이것은 눈을 시원하게 할 뿐 피로를 없애는 효과는 없다.

눈의 피로를 푸는 발 주무르기의 포인트는 둘째 발가락과 가운데 발가락이 있는 눈의 반사구는 각각의 발가락을 비틀어 돌리듯이 하여 조금 힘을 넣어 맛사지 해준다. 순서는 어느 쪽으로부터든 상관없다. 양발을 잘 주무르고 눈을 감고 몸을 편히 쉬고 있으면 이윽고 눈이 상쾌해져 올 것이다.

휴식을 충분히 취하고 발을 주물러 봐도 눈의 피로가 풀리지 않을 경우에 근시나 난시인 사람은 안경이 맞는지 어떤지 또 결막염, 각막염, 녹내장 등 눈의 이상이 없는지 어떤지를 조사해야 한다.

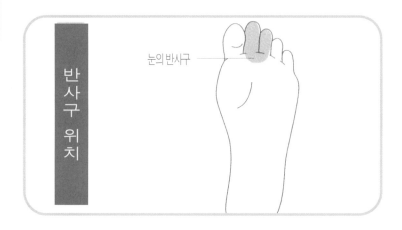

반사구 위치

눈의 반사구

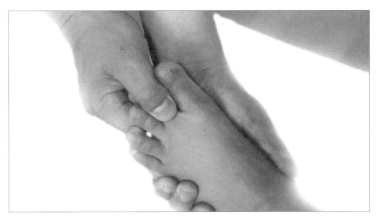

1, 가운데 발가락을 쥐고 비틀 듯이 주무른다. 바닥쪽을 비틀어 올렸으면 다음에는 옆쪽에 실시한다.

2, 둘째 발가락도 같은 요령으로 비틀어 올린다. 둘째 발가락을 먼저 주물러도 상관없다.

담배불뜸은 반사구 경혈에 실시한다.

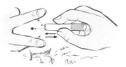

잠들기가 힘들다. 숙면이 안된다. 밤중에 몇 번이고 잠이 깬다. 이처럼 불면으로 고민하고 있는 사람이 많다. 불면증이라 해도 본인이 알아차리지 못하는 사이에 수면을 취하고 있는 일이 많고 너무 걱정할 필요는 없는 케이스가 대부분이다. 너무 고민하지 말고 스트레스 해소를 위해 적당한 운동이나 샤워를 하거나 긴장을 풀고 편히 쉬는 것이 중요하다.

또 무리하게 자려고 애쓰면 도리어 잠들 수 없게 되므로 하룻밤쯤 안자도 문제 없다라고 태도를 바꿀 것을 권한다.

그래도 잠들 수 없을 경우에는 발을 맛사지해 준다.

우선 엄지발가락 전체를 잘 주물러 뇌를 침정화시킨다.

다음에 눈과 뇌의 반사구가 있는 둘째 발가락과 가운데 발가락을 강하게 주무른다. 다시금 장심과 발바닥에 있는 복강 신경총을 잘 주물러 준다. 여기에는 자율신경에 대응하는 반사구가 있어 맛사지하면 체내 활동이 침정화하여 기분이 가라앉아서 잠이 올 것이다.

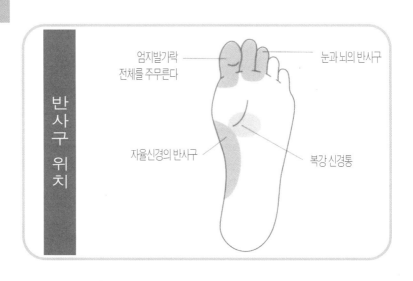

반
사
구

위
치

엄지발가락
전체를 주무른다

눈과 뇌의 반사구

자율신경의 반사구

복강 신경통

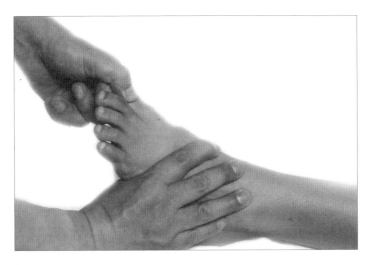

1, 엄지 발가락에는 목으로부터 위의 전기관의 반사구가 있다. 끼워서 잡고 비틀면서 전체를 잘 주무른다.

2, 눈과 뇌의 반사 구가 있는 둘째발 가락과 가운데 발 가락을 비틀이 올리 듯이 하여 강하게 주무른다.

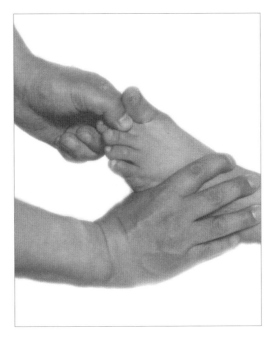

3, 자율 신경의 반사구, 장심 전체를 엄지로 강하게 문지르듯이 하여 주물러 푼다.

4, 발바닥의 복강신경 총을 엄지로 눌러 넣는다. 여기에도 자율신경에 활동을 거는 반사구가 있다.

담배불뜸은 반사구 경혈에 실시한다.

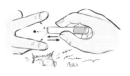

차를 운전하고 있을 때나 일하는 중에 심한 졸음이 엄습해 곤란했던 경험은 아마도 누구에게나 있었을 것이다.

껌을 씹거나 커피를 마시거나 목이나 어깨, 팔 등을 움직여 보는등 여러 가지 잠 쫓기를 시험해 봐도 머리가 개운치 않은 이런 때는 발의 엄지발가락을 맛사지한다. 물론 운전중 이라면 맛사지에 들어가는 것은 노견이나 서비스 엘리어에 차를 세우고 나서부터 운전을 하지 말아야 한다.

전항에서도 언급했지만 엄지발가락에는 목으로부터 위의 기관 모두에 활동을 거는 반사구가 있다. 이 엄지발가락을 집고 비틀 듯이 하면서 강하게 맛사지한다. 발등쪽, 바닥쪽, 옆쪽과 360도 힘껏 주물러 준다. 차츰 머리가 산뜻해서 졸음을 쫓아낼 것이다.

다만 한 가지 주의점이 있다. 처음에 증상에 맞춘 반사구를 주무르기 전에 발전체를 잘 맛사지하지 않으면 효과가 올라가지 않는다.

발 전체를 주물러 버리면 사람에 따라서는 잠자고 싶어지는 일이 있어 구하는 것과 정반대의 효과가 나타날 수도 있기 때문이다. 전체는 주무르지 말고 엄지발가락만을 힘껏 주물러 주어야 한다.

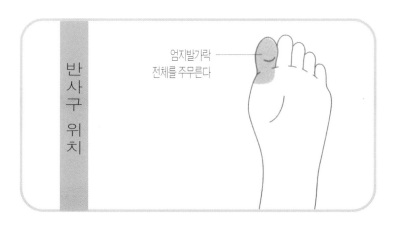

반사구 위치

엄지발가락
전체를 주무른다

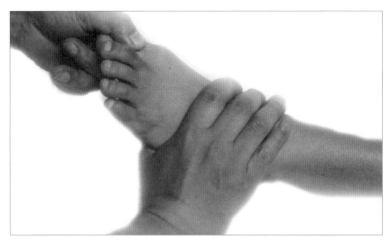

1, 목으로부터 위의 전기관의 반사구가 있는 엄지를 잡고 비틀 듯이 강하게 맛사지 한다.

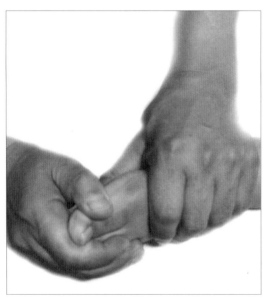

2, 엄지발가락 전체를 힘껏 주무른다. 발 전체는 주무르지 말고 엄지발가락만을 국소적으로 주무를 것

담배불뜸은 반사구 경혈에 실시한다.

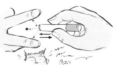

두통, 어지럼, 토기 등 참기 어려운 불쾌감을 수반하는 숙취 너무나 괴로움에 이제 술은 끝이고 결심하는데 그 때만 지나면 뭐라해도 취기가 깨면 또 마시러 간다. 알콜의 섭취량이 과다하여 간장의 해독 작용이 쫓아가지 못하고 원래는 오줌과 같이 배설되어야 할 알콜이 체내에 남아버린 상태다. 숙취가 안되기 위해서는 당연한 일로 과음하지 않는 것이 제일. 그때의 자기의 컨디션을 고려하여 주량의 한계를 초월하지 않도록 하지않으면 안된다. 그렇다 해도 결국 과음해서 다음 날 아침 후회하는 일도 있다. 그런 때에는 다음 포인트를 맛사지 해 준다. 우선 소화기의 반사구인 장심을 잘 주물러 위장의 활동을 활발하게 한다. 게다가 발등의 넷째 발가락과 평형감각(삼반규관)의 반사구를 강하게 밀어넣듯이 하여 주물러 준다. 끝으로 과음이 위장은 물론 간장에 과도한 부담을 강 하게 하는 것으로 되어 알콜성 간염이나 지방간, 간경변 등의 만성간질환의 원인으로도 된다. 부디 주에 2일은 휴간 일을 만들어 간장을 쉬게 하는 것이 중요하다.

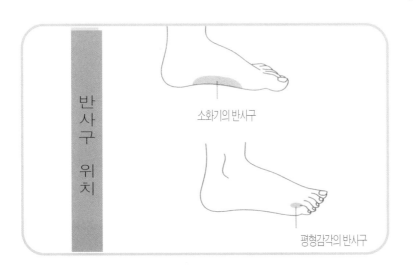

반사구 위치

소화기의 반사구

평형감각의 반사구

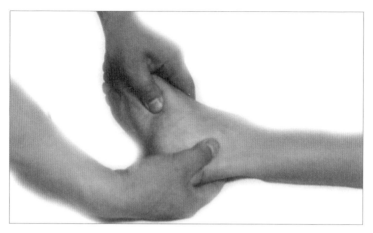

1, 소화기의 반사구가 있는 장심을 잘 주물러서 위장의 활동을 활발하게 한다.

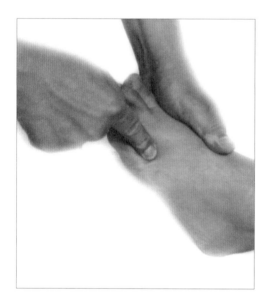

2, 발등, 넷째발가락과 새끼 발가락의 뿌리의 아래에 있는 반사구를 강하게 눌러넣듯이 주무른다.

담배불뜸은 반사구 경혈에 실시한다.

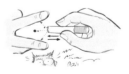

위체, 속쓰림의 원인의 태반은 과식이나 과음에서 온다. 위의 소화능력을 초과한 음식물이나 알콜을 섭취하면 소화되지 않은 채 위에 남아서 짓누르는 듯한 불쾌감을 야기한다. 이 상태가 위체다.

한편 속쓰림은 강렬한 소화력을 가진 위산이 식도쪽까지 역류하여 가슴 부위가 타는 듯이 느껴지는 증상이다. 과식, 과음에 의한 위체, 속쓰림의 경우는 위의 내용물의 소화를 도와주는 것이 필요하다. 과식에는 무즙이 효과가 있는 얘기를 들은 일이 있는지 모르지만 과학적으로도 옳다. 무에는 디아스타제라는 소화효소가 포함되어 있어서 이것이 소화를 촉진해 주는 것이다.

발을 주물러서 위체, 속쓰림을 해소하는 경우도 소화기의 반사구가 포인트가 된다. 우선 발바닥의 중앙 부근을 지각으로 강하게 주무른다. 여기는 생명선이라하여 몸의 기 흐름을 좋게 하는 포인트다.

다음에 장심을 주물러 소화기의 활동을 활성화 시킨다. 좌우 양 발을 리드미컬하게 주무른다.

강한 통증을 느낀다고 생각하지만 참고 힘껏 주물러 주어야 한다.

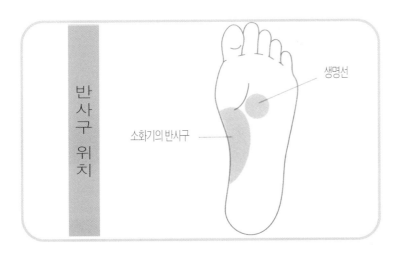

반사구 위치

생명선

소화기의 반사구

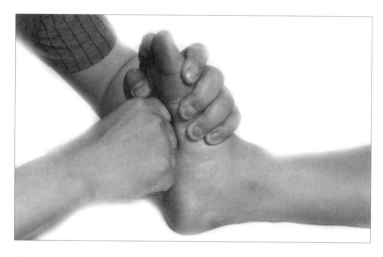

1, 발바닥 중앙에 있는 생명선을 지각으로 강하게 눌러넣듯이 주물러서 기의 흐름을 좋게 한다.

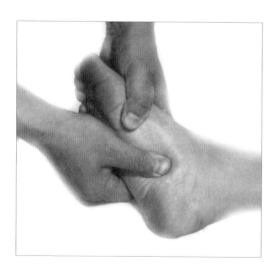

2, 소화기의 반사구, 장심을 힘껏 주무른다. 좌우 양발을 리드미컬하게 실시한다.

담배불뜸은 반사구 경혈에 실시한다.

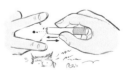

몸의 밸런스를 유지하는 평형감각을 담당하고 있는 것은 내이(속귀)에 있는 전정기와 삼반주관이다. 이것들의 평형기관이나 몸의 기울기나 움직임 등의 장해가 발생하면 귀울림이나 난청, 구토 등이 수반하는 경우에는 메니엘병일 가능성이 있다. 이것은 귀속에 장해가 생겨 발병 하는 것으로 스트레스나 과로가 원인이라고 한다. 또 갑자기 일어서거나 했을 때 일어나는 현기증, 탈력감(힘이 빠지는 느낌), 어질어질한 현기증이 오래 계속되는 경우에는 저혈압이나 뇌빈혈, 혈압강하제의 부작용들이 생각된다. 이밖에 부인과계의 병이나 눈의 병도 현기증의 원인이 되므로 어떤 것이라 해도 증상이 심할 경우는 의사의 진찰을 받도록 권유하고 싶다. 현기증을 일으킨 경우에는 응급 처치로서 우선 누워서 안정을 유지하도록 한다. 특히 주위가 빙빙 도는 느낌같은 회전성의 현기증의 경우에는 머리를 움직이지 않도록 주의한다. 어느 정도 증상이 진정되면 상반신을 이르켜서 발의 엄지발가락 전체를 비틀 듯이 주물러 준다. 여기에는 귀로 이어지는 코의 반사구가 있다. 다음 발등, 새끼발가락과 넷째발가락의 뿌리아래에 있는 평형감각의 반사구를 지각으로 누르듯이 하여 주무른다. 마지막으로 발바닥의 중심 생명선을 지각을 사용하여 힘을 주어 주물러서 몸의 기의 흐름을 좋게 한다.

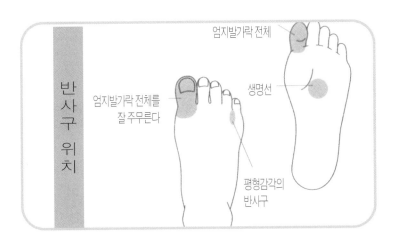

반 사 구 위 치

엄지발가락 전체

엄지발가락 전체를 잘 주무른다

생명선

평형감각의 반사구

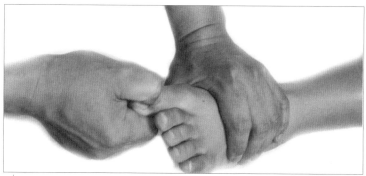

1, 코의 반사구 엄지발가락을 힘껏 주무른다. 잡고 비틀 듯이 하여 전체를 골고루 주무른다.

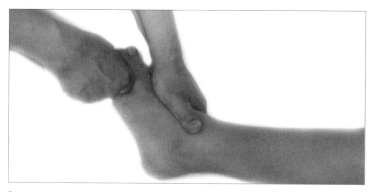

2, 발등, 새끼발가락과 넷째발가락 사이에 있는 평형감각의 반사구를 지각으로 눌러 넣듯이 주무른다.

3, 발바닥의 중심, 기의 흐름이 좋게되는 생명선을 주무른다. 직각으로 꾸욱 강하게 눌러넣듯이 주무른다.

담배불뜸은 반사구 경혈에 실시한다.

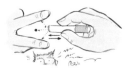

귀울림은 외부로 부터의 소리가 없는데도 귀나 머릿속에서 소리가나는 것 처럼 느껴진다. 귀울림의 불쾌한 증상을 해소하는데는 새끼발가락, 넷째발가 락, 엄지발가락의 맛사지가 효과적이다. 새끼발가락과 넷째발가락에는 귀의 반사구가 있다. 순서는 어느 쪽이 먼저든 상관없기 때문에 1개씩 비틀어 올리 듯이 강하게 주무른다. 이 2개의 발가락의 뿌리에는 귀에 직접 활동을 거는 반사구가 있으므로 여기를 정성껏 주물러 준다. 다음으로 엄지발가락을 꾸 욱 누르듯이 주무른다. 엄지발가락에는 뇌나 삼차 신경에 관계되는 반사구가 집중되어 있다. 단지 귀울림은 난청에 수반하여 일어나는 경우가 대부분이다. 난청은 원인에 따라 다음의 2가지로 나누어진다. 소리의 진동을 전하는 경로 에 장해가 있어 발증하는 것을 전음성 난청이라 하여 중이염에 의한 난청등이 거론되고 있다. 한편 소리의 진동이 뇌에 전달되어 경로(내이로부터 신경)에 장해가 있어 발병하는 것을 감음성 난청이라고 하여 메니엘병이나 돌발성 난 창 등이 있다. 이것들은 과로나 스트레스가 원인으로 발증하는 것이 많다고 하여 발주무르기로 활성화 시키는것으로 증상을 개선시킬수 있다. 또 고혈 압이나, 동맥경화, 당뇨병, 우울증, 신경증 등의 증상으로서 귀울림이 나타나는 일도 있다. 발 주무르기를 계속해도 증상이 완화되지 않고 오래 가는 것이라 면 의사에게 상담해 주기 바란다.

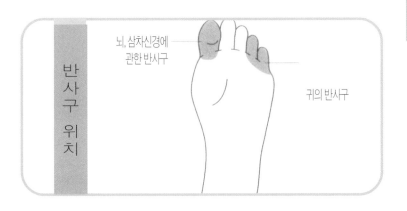

반사구위치

뇌, 삼차신경에 관한 반사구

귀의 반사구

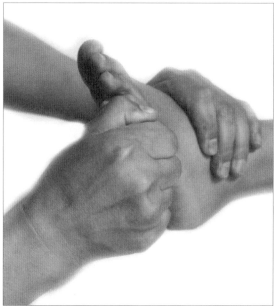

1.귀의 반사구,새끼발가락을 강하게 잡고 비틀어 올리듯이 주무른다. 특히 뿌리는 정성껏 만진다.

2. 넷째 발가락에도 귀의 반사구가 있다. 새끼 발가락과 마찬가지로 비틀 듯이. 넷째 발가락을 먼저 주물러도 좋다.

3, 뇌 삼차신경의 반사구가 있는 엄지 발가락을 잡고 꾹 누르듯이 강하게 주무른다.

담배불뜸은 반사구 경혈에 실시한다.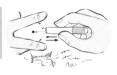

두통에는 만성과 급성이 있어 발주무르기로 효과가 기대되는 것은 만성 두통이다. 만성 두통은 크게 혈관성 두통 머리부의 동맥이 급격히 넓어졌기 때문에 일어나는 것으로 머리의 한쪽만이 아픈 것이 특징. 대표적 예로서는 편두통을 들수 있다.

목이나 어깨의 근육 피로가 원인인 경우 통증이라기 보다 머리가 죄이는 듯한 답답함이 느껴진다. 이 경우에는 머리만이 아니고 목이나 어깨의 반사구도 맛사지 할 필요가 있다. 머리의 반사구는 엄지발가락 바닥의 한복판에 있다. 엄지발가락을 손가락으로 잡고 눌러넣듯이 강하게 주물러 준다.

왼발은 뇌의 우반구 오른발은 뇌의 좌반구에 대응하고 있으므로 왼쪽을 주물렀으면 오른쪽으로 반드시 양발을 주물도록 한다.

또 머리의 정수리에 있는 백회의 경혈도 두통에는 효과적다. 머리가 심하게 아픈것 같은 경우에는 손가락으로 다음과 같이 눌러준다.

목욕시에 발과 동시에 반복하면 한층 효과가 나타난다.

급성의 두통에 관해서는 감기나 수면 부족 등 원인이 분명 할 경우는 걱정없다. 그러나 갑자기 머리가 깨어 지듯이 아프기 시작하며 구토를 수반하는 경우에는 뇌출혈일 가능성이 있으므로 곧바로 병원으로 가야 한다.

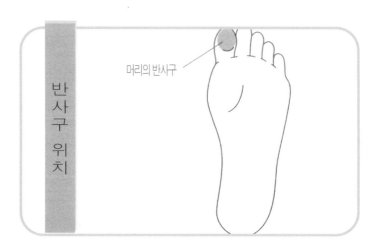

반
사
구
위
치

머리의 반사구

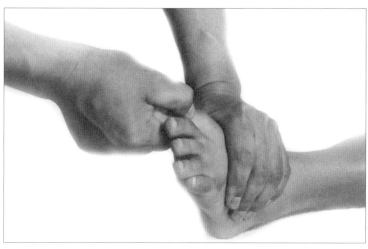

1,머리의 반사구가 있는 엄지 발기락을 손가락으로 집고 강하게 주무른다. 반드시 좌우 양발
을 주무를것.

2, 엄지발가락의 바
닥 한가운데가 포인
트. 손가락을 꾸욱 눌
러넣듯이 하여 주무
른다.

담배불뜸은 반사구 경혈에 실시한다.

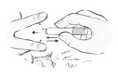

감기는 만병의 근본이라고 예로부터 말하고 있듯이 계속되면 폐렴이나 급성기관지염을 일으키는 일도 있으므로 감기쯤이야라는 등 가볍게 봐서는 안된다.

감기 원인의 대부분은 바이러스다. 몸의 저항력이 떨어져 있으면 바이러스가 체내에 침입하기 쉽기 때문에 감기의 예방에는 저항력을 높이는 것이 제일이다. 평소 영양이나 휴식을 충분히 취하고 적당한 운동을 하여 기초 체력을 길러두는 것이 중요하다. 동시에 발을 주물러서 체내에 있는 림프절의 활동을 활성화 시켜야 한다. 림프절은 체내에 침입해 온 윌스 등의 유해한 물질을 먹어 치우거나 항체를 만들어 독성을 막아버리거나 몸을 병으로부터 지키고 있는 중요한 기관이다.

우선 발등 엄지발가락과 둘째 발가락 사이에 있는 폐, 기관지의 반사구를 눌러넣듯이 하여 주무른다. 다음에 발가락의 뿌리를 주먹과 손바닥으로 끼우고 주먹을 바닥쪽에 눌러 주물러 준다. 여기에는 림프절의 반사구가 있다. 마지막으로 발목 복판과 복사뼈의 좌우 3개소에 있는 림프절의 반사구를 정성껏 맛사지 한다. 감기에 지지않는 저항력을 지니게 하기 위해 감기를 이르킬 것같은 때만이 아니고 평소부터 맛사지 하기를 권한다.

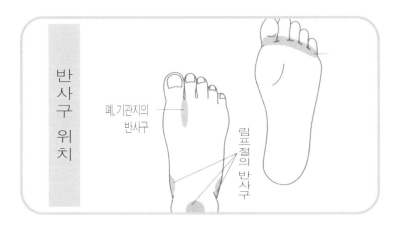

반사구 위치

폐, 기관지의 반사구

림프절의 반사구

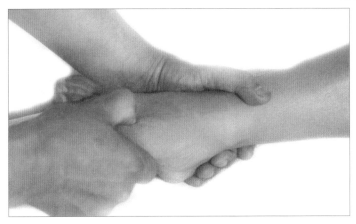

1.발등에 있는 폐, 기관지의 반사구를 주무른다, 손가락의 배(손바닥쪽)로 강하게 문지르듯이 실시한다.

2, 주먹과 손바닥으로 발가락을 끼우고 발가락 의 뿌리 전체를 주먹으로 문질러 푼다.

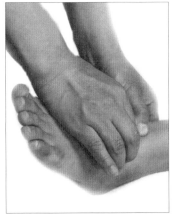

3, 발목의 복판과 복사뼈의 좌우에 있는 림 프절의 반사구 3 점을 정성껏 주무른다.

담배불뜸은 반사구 경혈에 실시한다.

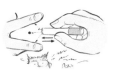

티눈은 맞지않는 신발을 신는 것이 원인으로 발병한다. 발 주무르기로 상당한 정도까지 고칠 수가 있으나 근본적인 원인인 신발을 개선하지 않는한 완전히 해소할 수는 없다.

외반모지는 하이힐 등의 발톱 끝의 좁은 신발에 의하여 발가락이 압박당해 엄지발가락이 뿌리로부터 둘째 발가락쪽으로 구부러지고 마는 것이다. 뼈가 변형되어버린 것이므로 발을 매일 주물러도 그다지 간단하게는 고칠 수 없으며, 처음에는 상당한 통증을 수반한다. 참고 끈기있게 정성껏 맛사지를 계속 하는 노력이 필요하다.

우선 엄지발가락을 손가락으로 강하게 끼우고 안으로부터 밖으로 향하여 돌려준다. 이것으로 뼈의 변형을 교정해 간다. 다음에 엄지발가락의 뿌리 부분을 안에서 밖으로 향하여 늘리듯이 주물러 엄지발가락의 울혈을 제거시킨다. 외반모지는 악화하면 할수록 고치기까지에 시간이 걸리므로 그 징후가 보이면 손쓰기에 늦는다. 서둘러 맛사지를 시작해야 한다. 티눈도 신발에 의해 발까락이 안 밖으로부터 압박당해 발생하는 것인데 발의 구조나 보행법에도 관계가 있다. 발을 잘 보고 티눈이 있는 부분을 직접 지각으로 주물러 풀어준다. 상당한 통증이 있다고 생각 되지만 참고 계속하면 2~3주일이면 깨끗이 나아질 것이다.

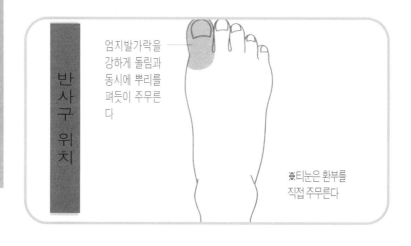

반
사
구
위
치

엄지발가락을 강하게 돌림과 동시에 뿌리를 펴듯이 주무른다

※티눈은 환부를 직접 주무른다

1, 외반모지를 치료하데는 엄지 발가락을 강하게 끼우고 안에서 밖으로 향하여 돌려서 뼈의 변형을 교정한다.

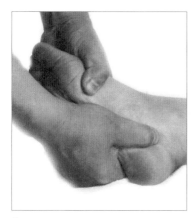

2, 엄지발가락의 뿌리를 안에서 밖으로 향하여 펴듯이 주물러 울혈을 제거 시킨다.

3, 티눈은 환부자체를 직접 지각으로 주물러 푼다. 상당한 통증이 수반되지만 참고 계속할 것.

담배불뜸은 반사구 경혈에 실시한다.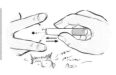

정력이란 심신의 활동력, 원기를 가리키는 말이지만 성력쪽을 연상하는 분이 많을런지도 모르겠다. 물론 심신이 원기있게 되면 당연히 성력 쪽도 강하게 되는 것이다.

인도를 비롯하여 맨발 또는 신발을 신지 않는 맨발에 샌들을 신는다는 스타일로 생활하고 있는 나라 사람들의 생식률이 영양 상태가 좋지 않은데 비하여 놀라울 정도로 높다는 것. 또 러시아의 코카사스 지방이나 파키스탄의 후자등 장수마을로서 유명한 지역에는 그 고장 사람들이 실로 잘 걷는다는 공통점이 있다. 이러한 예에서 알 수 있듯이 정력을 올리는 열쇠는 발에의 자극에 있는 것이다. 걷거나 맛사지를 하여 발을 자극하면 전신의 혈액순환이 좋게 되어 뇌나 내장의 활동이 활성화되어 체력이 왕성하다. 게다가 뇌가 자극을 받으면 기력도 충실해 온다. 체력, 기력이 충실하면 자연히 정력도 증진 된다는 것이다.

정력 증강의 맛사지 포인트는 생명선 림프절 생식기의 3곳의 반사구다. 우선 발바닥 중앙에 있는 생명선의 반사구를 지각으로 눌러넣듯이 하여 힘껏 주물러 몸전체의 기의 흐름을 좋게 한다. 다시금 복사뼈의 양쪽과 발목의 중앙에 있는 림프절 복사뼈 양쪽 아래의 생식기의 반사구를 정성껏 맛사지 한다.

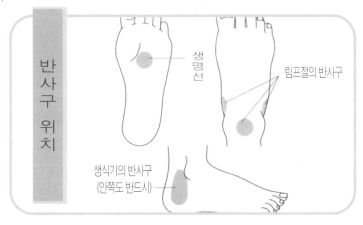

반사구 위치

생명선

림프절의 반사구

생식기의 반사구
(안쪽도 반드시)

1, 발바닥 중앙의 생명선을 지각으로 눌러 넣듯이 하여 주물러서 몸의 기의 흐름을 좋게 한다.

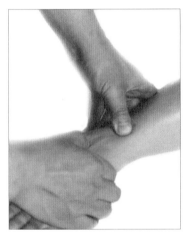

2, 복사뼈의 양쪽 발목의 중앙의 림프절의 반사구를 정성껏 맛사지 한다.

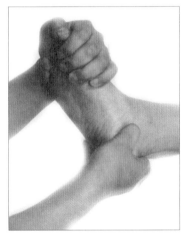

3, 생명선의 반사구는 복사뼈의 아래에 있다. 손가락으로 끼우고 양쪽을 동시에 강하게 자극한다.

담배불뜸은 반사구 경혈에 실시한다.

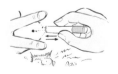

멀미란 진동이나 가속에 의하여 기분이 나빠져서 현기증이나, 구토 등의 증상이 나오는 것이다.

현대는 교통이 발달하여 통근, 통학, 쇼핑, 여행 등 모든 상황에서 전차, 자가용, 버스, 택시등 을 이용한다. 이래서 인간은 걷는 일이 적어져 결과적으로 발이 쇠퇴해 버리는 것이지만, 그것은 어쨌든 이들 교통기관이 현대의 우리들 생활에 필요 불가결한 존재로 되어 있는 것은 사실이다.

멀미가 심한 경우는 일상생활에 지장을 초래하는 일도 있으므로 당사자에게 있어서는 심각한 고민이다.

이전에 내가 발을 주물러 드린 주부 는 어렸을 때부터 차 타는 것에 약해 성인이 되고나서도 택시는 물론 버스도 못타는 상태였다.

발주무르기를 계속하고 있는 사이에 그녀는 차츰 멀미를 안하게 되었고 지금은 해외여행도 할수 있게 되었다.

멀미를 고치는데는 다음의 포인트를 주물러 준다.

우선 소화기 자율신경에 대응하는 반사구가 있는 장심을 잘 주무른다. 다음으로 머리의 반사구가 있는 엄지발 가락과 발등의 평형감각의 반사구를 강하게 주물러서 평형감각을 정상적으로 활동하게 한다.

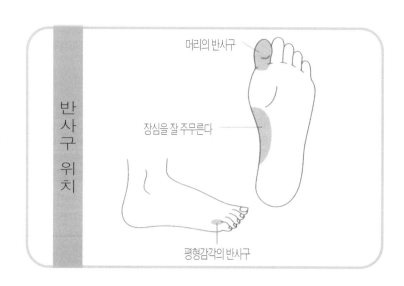

반사구 위치

머리의 반사구

장심을 잘 주무른다

평형감각의 반사구

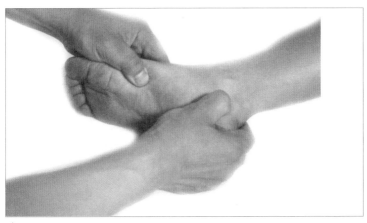

1, 손가락을 눌러넣듯이 하여 소화기 자율신경의 반사구 장심을 주무른다.

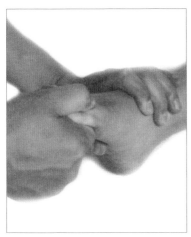

2, 머리의 반사구가 있는 엄지 발가락을 강하게 끼우고 맛사지하여 평형 감각에 활동을 건다.

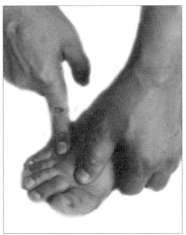

3, 발등, 새끼발가락, 넷째발가락 사이에 있는 평형 감각의 포인트를 손가락으로 눌러넣듯이 하여 주무른다.

담배불뜸은 반사구 경혈에 실시한다.

사람은 더울 때 한선(땀선)에서 땀이 나서 땀이 증발할 때에 몸에서 열을 뺏는다는 구조로 체온을 조절한다. 땀을 많이 흘려서 수분을 잃는다. 가만히 있어도 체력을 소모하는데다 목이 몹시 말라 결국엔 수분에만 손이 간다. 그 결과 식욕도 없어지고 여름타기에 빠져버리는 것이다.

지금은 회사와 가정에도 대부분 냉방이 되어 실내에서는 선선하여 쾌적하게 지낼 수 있다. 그러나 냉방이 지나치면 이번에는 냉방병의 문제가 되며 실내와 옥외와의 기온차로 몸이 약해지는 일도 있다. 냉방을 넣는 경우에는 가급적 외가온과의 차를 5도 이하로 억제하도록 하여 몸에 부담을 주지 않도록 한다.

여름타기를 격퇴하는데는 잘 먹어 영양을 취하고 휴양을 충분히 취해서 체력을 회복시키는 것이 제일이다. 식욕을 회복시키기 위해서는 다음 포인트를 주물러 준다.

우선 발바닥 중앙에 있는 생명선의 반사구를 주물러 몸에 기의 흐름을 좋게 한다. 양손의 엄지를 꾸욱 눌러넣듯이 하여 힘껏 주물러 준다. 그리고 거기서부터 서서히 밑으로 주물러 풀어간다.

마지막으로 소화기의 반사구가 있는 장심 전체를 맛사지 하여 위장의 활동을 활성화시켜준다..

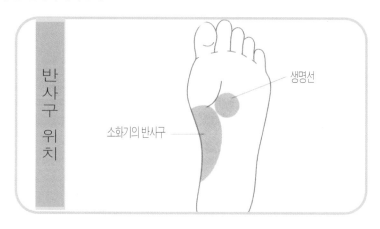

반
사
구

위
치

생명선

소화기의 반사구

1, 발바닥 중앙의 생명선의 반사구를 양손의 엄지로 눌러 넣듯이 하여 주무른다.

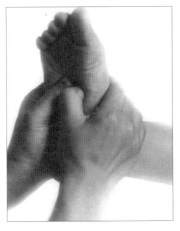

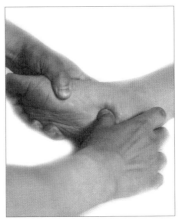

2, 서서히 밑으로 주물러 풀어간다. 생명선을 주무르면 몸에 기의 흐름이 좋게 된다.

3, 장심을 힘껏 주물러 위장의 활성화시켜 식욕을 회복한다.

담배불뜸은 반사구 경혈에 실시한다.

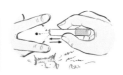

33

전항에서도 언급했지만, 인간은 기온이 높아 지거나 심한 운동을 했을 경우 땀선에서 땀을 내보내서 체온조절을 한다. 더울 때 땀을 흘리는 것은 극히 당연한 생리 현상인 것이다. 그렇다고 땀을 지나치게 흘리는 것도 곤란한 일이다.

땀선에는 에크린선과 아포크린선의 2종류가 있다. 체온조절을 위해서 땀을 내보내는 것은 에크린선으로 땀을 흘리는 사람은 이 선이 발달하고 있는 경우가 많다.

땀선을 지배하여 발한의 조절을 하고 있는 것은 자율신경이다. 자율신경이 정상으로 활동하지 않게 되면 두통, 수족의 마비(저림)등 여러가지 증상이 나타나지만 땀을 많이 흘려도 발을 맛사지하여 자율신경의 활동을 하여 정상적으로 회복시켜 줄 수 있다.

자율신경에 대응하는 반사구는 장심에 있다. 장심 전체를 엄지손가락을 사용하여 강하게 맛사지해 준다. 옆쪽을 중심으로 바닥쪽까지 정성껏 주무르도록 한다.

다음으로 뇌의 반사구인 엄지발가락을 손가락으로 끼우듯이 하여 강하게 주물러 뇌간에 있는 자율신경의 중추를 활성화시켜 준다.

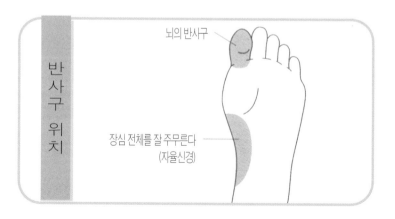

반사구 위치

뇌의 반사구

장심 전체를 잘 주무른다
(자율신경)

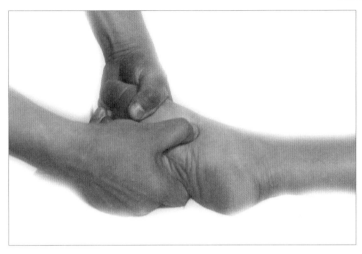

1, 장심 전체를 강하게 주물러서 자율신경을 활성화 시킨다. 옆으로부터 바닥쪽까지 정성껏.

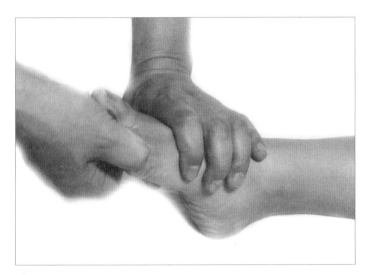

2, 엄지 발가락을 손가락으로 끼우듯이 하여 강하게 주물러 자율신경의 중추를 자극한다.

담배불뜸은 반사구 경혈에 실시한다.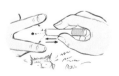

34

일이 잘 안 되거나 서두르고 있을 때에 침체에 빠지거나 자기의 생각대로 일이 진척되지 않아서 결국 초조감에 빠져버리는 일은 누구에게나 흔히 있는 일이다. 그러나 초조해 있을 때 상황이 호전되는 것은 아니고, 그런 정신 상태에서 일을 진행하면 도리어 나쁜 결과를 가져올지도 모른다. 초조해 한다고 좋은 일이 생기지는 않는다.

그렇다면 화내지 말고 느긋하게 보내는 쪽에 득이라고 생각하지 않겠는가? 그렇다해도 정신을 잘 조절하는 것은 그리 간단한 일은 아니다. 초초해 있었던 거야라고 생각했을 때는 다음의 포인트를 맞사지 해 준다.

우선 발바닥의 중앙에 있는 생명선의 반사구를 지각으로 꾸욱 눌러 넣듯이 하여 강하게 주무른다. 여기를 맞사지하면 몸에 기의 흐름이 좋게 된다. 다음에 엄지발가락 전체를 잘 주물러서 뇌를 침점화시킨다. 마무리로 전신을 눌러넣듯이 주물러 자율신경을 진정시킨다. 이상의 맛사지를 강약을 주면서 리드미컬하게 행한다. 차츰 기분이 가라앉아서 긴장을 풀고 쉴 수 있을 것이다. 또 수면 부족이나 피로, 공복 등 육체적인 요인도 초조감에 연결된다. 휴양이나 식사는 가능한 한 확실하게 취하도록 하여 초조함의 원인을 만들지 않도록 한다.

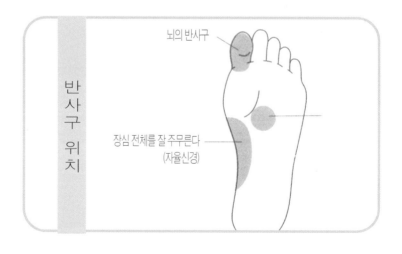

반사구 위치

뇌의 반사구

장심 전체를 잘 주무른다 (자율신경)

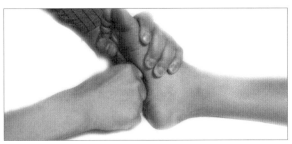

1, 기의 흐름을 좋게 하는 포인트, 발바닥의 생명선을 지각을 사용하여 강하게 주무른다.

2, 엄지 발가락을 손으로 끼우고 전체를 정성껏 맛사지하여 뇌를 정화 시킨다.

3, 장심 전체를 강하게 맛사지하여 자율신경을 가라 앉힌다. 강약을 넣어서 리드미컬하게.

담배불뜸은 반사구 경혈에 실시한다.

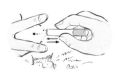

현대를 스트레스 사회라고 말하고 있다. 가정이나 직장에서의 인간관계 출퇴근시, 일의 책임량, 공포 등등 우리들은 매일 많은 스트레스에 노출 되어 생활하고 있다. 스트레스는 성인 뿐만의 문제는 아니다. 아이들도 어려서부터 시험공부에 심하게 쫓겨 스트레스와는 무관할 수 없다는 것이 현실이다.

정신과 육체는 밀접하게 연관되어 있기 때문에 스트레스를 받으면 위장을 비롯하여 갖가지 변조가 나타난다. 관지법으로 몸의 기흐름을 좋게 하여 뇌를 활성화시키는 것으로 스트레스를 해소해 시킨다. 최근 스트레스가 쌓였구나, 라는 자각이 있을때는 물론 평소부터 맛사지하는 것으로 스트레스에 지지않는 마음과 몸을 지니도록 해 주어야 한다.

우선 발바닥 중앙에 있는 생명선의 반사구를 지각을 눌러넣듯이 하여 힘껏 주무른다. 다음에 엄지발가락 뇌의 반사구를 잘 주물러 준다. 그것과 동시에 어떤 일에 대해서도 어떻게는 된다, 라고 마음을 편히 생각하기를 권한다. 병은 기(마음)으로부터 온다라고 옛날부터 말하듯이 고민하거나 초조해 하거나 하면 즉각 몸의 상태가 안좋게 될 것이다. 인간은 살아있는 한 스트레스로부터 완전히 자유로울 수는 없으므로 태도를 바꾸어 느긋하게 지내도록 한다.

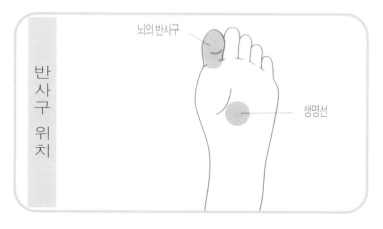

반사구 위치

뇌의 반사구

생명선

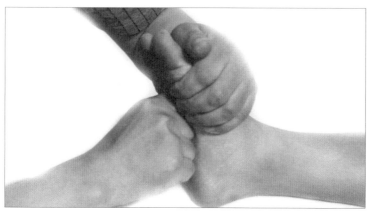

1, 몸에 기의 흐름을 좋게 하는 생명선의 포인트, 지각으로 눌러넣듯이 하여 주물러 푼다.

2, 엄지발가락을 손가락으로 쥐고 전체를 강하게 맛사지 하여 뇌를 활성화 시킨다.

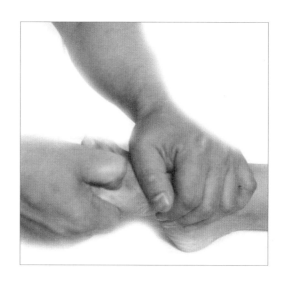

담배불뜸은 반사구 경혈에 실시한다.

나이가 들면 뇌의 신경세포가 감소하거나 변성 (변생=다른 모습으로 바뀌어 태어남)을 일으키거나 젊었을 때에 비하여 기억력이 나빠지거나 건망증이 심하게 된다. 이것은 소위 생리적 멍청함(치매증)으로 다소의 차이가 있어 나이를 먹으면 누구라도 경험하는 것이고 걱정 할 것까지는 없다. 멍청함에서 무서운 것은 뇌혈관 장해나 노인성 치매증에 수반하는 병적인 치매로 건망증 외에 판단력이 저하되어 시간이나 장소를 모르게 되거나 하는 치매의 증상이 나타난다. 발을 움직이면 뇌의 혈행이 좋게 되어 뇌가 활성화되는 외에 혈행 장해의 방지에도 연결된다. 걷는 것은 물론 관지법으로 발을 맛사지 하는 것도 효과적다.

멍청함을 막기위해 발을 매일 정성껏 맛사지하여 뇌의 젊음을 유지하도록 한다. 발바닥 중앙에 있는 생명선의 반사구를 주물러서 몸에 기의 흐름을 좋게해 준다. 다음으로 엄지발가락을 강하게 잡고 전체를 비틀 듯이 하여 맛사지를 한다. 엄지발가락에는 뇌를 비롯하여 몸에서 위에 있는 전기관의 반사구가 있다. 끝으로 발바닥 엄지발가락 아래에 있는 갑상선의 반사구를 힘껏 주물러 준다.

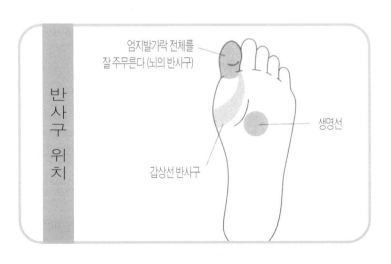

반사구 위치

엄지발가락 전체를 잘 주무른다 (뇌의 반사구)

생명선

갑상선 반사구

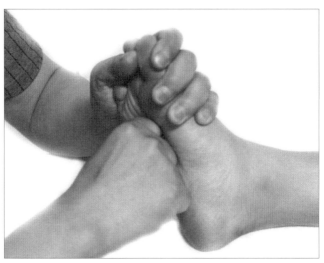

1, 발바닥의 중앙에 있는 생명선을 지각을 사용하여 힘껏 주물러서 기의 흐름을
좋게한다.

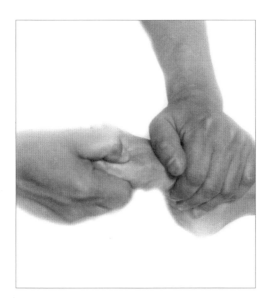

2, 뇌의 반사구가
있는 엄지발가락을
강하게 잡고 비틀어
올린다. 발가락이나
옆도 정성껏 주무를
것.

3, 발바닥 엄지발
가락의 아래에 있는
갑상선의 반사구를
손가락으로 강하게
누르면서 아래로 주
물러 풀어간다.

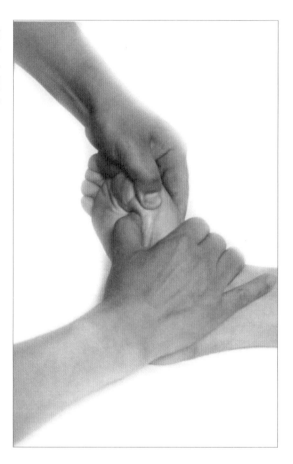

담배불뜸은 반사구 경혈에 실시한다.

여성의 월경이 멈추는(폐경) 전후의 시기는 갱년기라 불리며 갖가지 신체적 정신적인 장해가 나타난다. 이것은 난소로부터 분비되는 여성호르몬이 감소되어 호르몬의 밸런스가 혼란해 지는 것이 원인이다. 호르몬 밸런스를 제어하는 뇌가 원활하게 같이 활동하지 않게 되어 자율신경에 영향을 주는 것이다. 구체적으로는 얼굴이 달아 오른다.흥분한다.어깨결림, 불면, 두통, 동계(심장의 두근거림), 손발의 냉증 등의 증상을 볼 수 있다.

갱년기에는 누구라도 이러한 증상이 나타나므로 너무 깊이 고민하지 않는 것이 중요하다. 생리통 생리불순도 여성에게 있어서 커다란 고민의 씨앗이다.

일상 생활에 지장을 줄 정도의 심한 생리통은 월경 곤란증이라 하여 자궁의 병이 원인으로 되고있는 경우도 있기 때문에 전문의에게 문의하도록 한다. 갱년기의 장해 생리통 생리불순은 모두 호르몬의 밸런스를 조절해 주는 것으로 증상을 완화시킬 수가 있다.

발바닥의 엄지발가락아래 있는 갑상선은 반사구를 손가락으로 눌러넣듯이 주무르고 계속해서 복사뼈의 뒤쪽에 있는 생식기의 반사구를 강하게 주무른다.

안쪽은 자궁 바깥쪽은 생명선의 반사구로 되어 있다. 끝으로 뇌의 반사구가 있는 엄지발가락을 힘껏 주물러 준다.

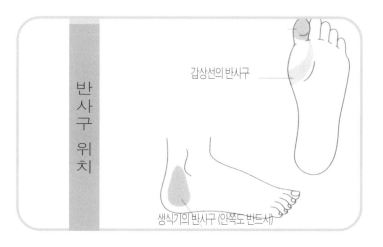

반사구 위치

갑상선의 반사구

생식기의 반사구 (안쪽도 반드시)

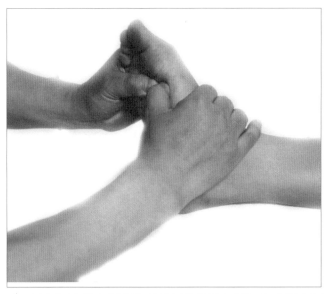

1, 발바닥 엄지발가락의 아래에 있는 갑상선의 반사구를 손가락으로 눌러넣듯이 하여 주물러 간다.

2, 복사뼈의 뒤 생식기의 반사구. 양쪽을 함께 주물러도 되고 한쪽씩 주물러도 된다.

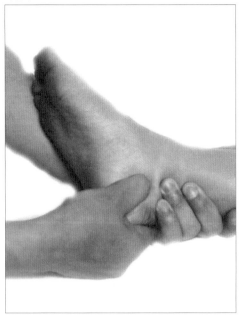

3, 뇌의 반사구가 있는 엄지발가락을 손가락으로 강하게 집고 전체를 정성껏 맛사지한다.

담배불뜸은 반사구 경혈에 실시한다.

여름인데도 추위로 떨고있는 사람이 있다고 한다면 대개의 남성은 여름은 더울텐데요, 라고 고개를 갸웃거릴지도 모른다. 원인은 쿨래의 지나친 효과다. 전차도 직장도 식당도 남성의 체내 온도에 맞추어서 쿨러의 온도가 설정되어 있는 일이 많고 쿨러가 너무나 잘 듣고 있다. 때로는 남성인 나조차 긴소매의 상의가 필요하게 생각될 정도 냉냉한 곳도 있으므로, 냉증인 여성에게 있어서는 절실한 문제다.

왜 일반적으로 여성은 냉기에 대하여 약한 것일까? 여성은 남성에 비하여 자율신경의 활동이나 호르몬 분비가 언밸러스하기 때문에 말초혈관이 수축되기 쉽고 손발에 흐르는 혈액량이 적기 때문이다.

발을 잘 주무르면 혈행이 촉진되어 이윽고 몸전체가 따뜻해져 오니, 냉방병이나 냉증의 고민을 해소하는데는 관지법이 가장 효과적인 방법이라고 할 수 있다.

냉하면 어깨에 부담이 가해지기 때문에 발의 바깥쪽에 있는 어깨의 반사구를 힘껏 주무른다. 발바닥의 중앙에 있는 생명선은 기의 흐름을 좋게 하는 포인트다. 끝으로 발가락의 바닥쪽을 주먹을 사용하여 정성껏 주물러 림프절의 활동을 활성화시켜준다.

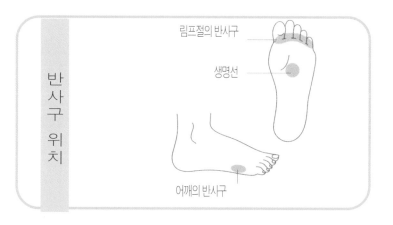

반사구 위치

림프절의 반사구

생명선

어깨의 반사구

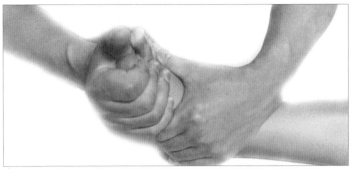

1, 한 손으로 발끝을 받치고 발의 바깥쪽 새끼발가락의 뿌리 아래에 있는 어깨의 반사구를 정성껏 주무른다.

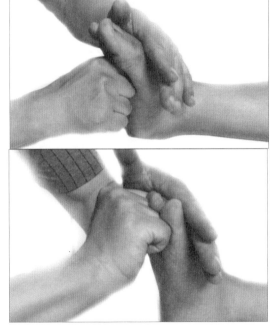

2, 발바닥 중앙에 있는 생명선을 지각을 사용하여 눌러넣듯이 주물러 기의 흐름을 좋게 한다.

3, 손바닥과 주먹으로 발가락을 세우고 주먹을 눌러부쳐서 발가락의 뿌리를 주무른다.

담배불뜸은 반사구 경혈에 실시한다.

살결이 거칠어져 화장발이 잘 안받는다. 그런 날은 하루 종일 우울한 기분이 계속되고 만다. 이 기분 여성이라면 누구나가 알 것이다. 여성의 피부와 마음은 밀접하게 연관되어 있는 것이다. 피부 거칠음의 직접적인 원인은 피부로부터 분비되는 피지와 땀의 양의 밸런스가 무너지는 일이다. 피부거칠음을 해소하는데는 내장을 튼튼히 하고 호르몬의 분비를 활성화시켜 밸런스를 유지할 필요가 있다. 또 미(아름다운 피부)의 대적으로 잊어서는 안될 것은 변비다. 대장의 틈사이등에 고여있는 숙변을 배설하면 살결의 아름다움이 되돌아 온다.

우선 새끼발가락을 비틀 듯이 하여 강하게 주물러 준다. 새끼발가락에는 귀와 장의 반사구가 있다. 다음에 엄지발가락 아래에 있는 갑상선의 반사구를 힘 주어 주무른다.

갑상선은 목구멍의 바로 밑의 기관에 붙어 있는 내부비선으로 여기로부터 분비되는 갑상선 호르몬은 몸의 신진대사에 관여하여 피부의 생성을 촉진한다. 끝으로 변통을 좋게하기 위해 발바닥에 있는 장의 반사구를 맛사지해 준다. 장심 전체를 넓게 주물러 위장, 신장, 류뇨관, 방광을 활성화시킨다.

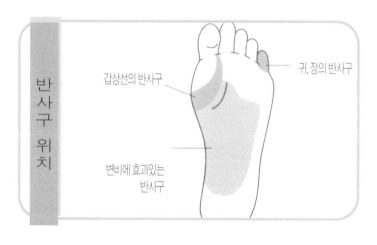

반사구 위치

갑상선의 반사구

귀, 장의 반사구

변비에 효과있는 반사구

1.귀와 장의 반사
구가 있는 새끼발가
락을 엄지손가락과
인지로 쥐고 비틀
듯이 하여 주무른
다.

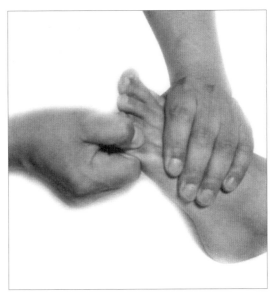

2. 발바닥, 엄지발
가락 아래에 있는
갑상선의 반사구를
엄지를 눌러 넣듯이
하여 강하게 주물러
간다.

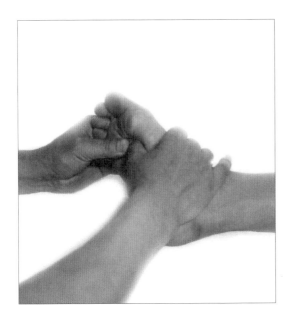

3, 변비에 효과있는 반사구, 발바닥 중앙으로부터 장심 전체에 걸쳐 강하게 맛사지한다.

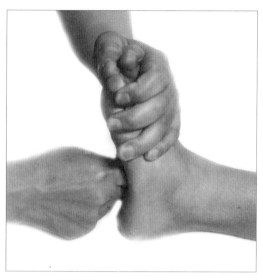

담배불뜸은 반사구 경혈에 실시한다.

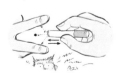

하루 종일 서서 일을 했을 때나 쇼핑 등으로 걸어다녔을 때 발이 퉁퉁 부어서 신발이 답답하게 되었던 경험이 있었을 것이다. 이것이 부종으로 발을 혹사했기 때문에 모세혈관의 압력이 상승하여 체내의 세포조직에 여분의 수분이 고여 버렸기 때문에 일어난다. 부어 있는 부분을 손가락으로 강하게 누르면 쏙 들어가서 손가락을 떼어도 한동안 원래 대로 안 돌아 온다. 이러한 경우 발에 베개를 대고 하룻밤 자고나서 이튿날 아침에는 수분이 정맥으로 돌아가 부종이 없어진다. 부종이 좀처럼 물러나지 않을 때는 신장에 이상이 발생했을 가능성이 있으므로 주의가필요하다. 부종을 빼는데는 손발의 여분의 수분을 맛사지로 밀어 되돌림과 동시에 혈액순환과 배설을 촉직 시켜 주는 것이 필요하다. 발바닥에 있는 신장 륜뇨관 방광의 반사구를 잘 맛사지하여 준다. 발바닥 중앙에 있는 신장의 반사구에서 뒤꿈치의 방광의 반사구까지 지각으로 꾸욱꾸욱 밀어넣듯이 하여 주물러 풀어준다. 또 평소부터 잘 붓는 사람은 식사의 염분을 줄여서 신장의 부담을 가볍게 하도록 한다.

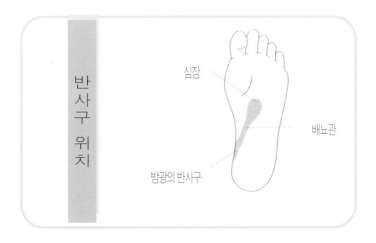

반사구 위치

심장
배뇨관
방광의 반사구

1, 발바닥 중앙에 있는 신장의 반사구를 지각으로 밀어넣듯이 하여 주물러 풀어준다

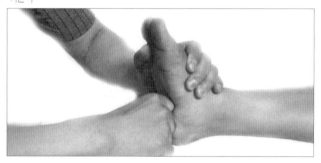

2, 그대로 서서히 주무르는 부분을 내려간다. 류뇨관의 반사구도 힘껏 주무른다.

3, 뒷꿈치의 안쪽에 있는 방광의 반사구까지 잘 맛사지하여 배설기능을 높인다.

담배불뜸은 반사구 경혈에 실시한다.

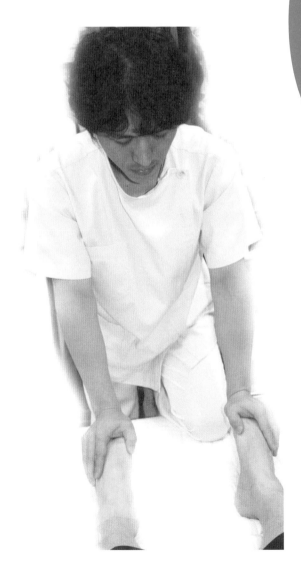

발 마사지로
전신의
피로를
풀어주어
시원하다

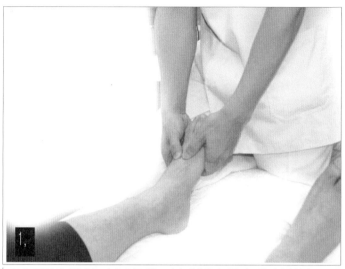

1, 엄지로 발등, 발가락 흠을 마사지하고 뚝 소리가 나게 한다. 다른 발도 동일하게 한다.

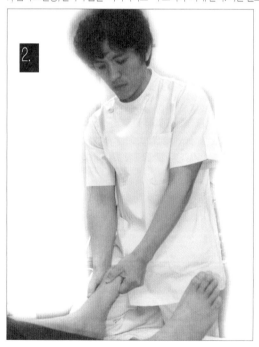

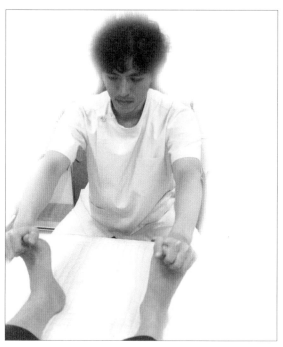

2, 그림과 같이 발가락을 앞으로 밀어올린다.

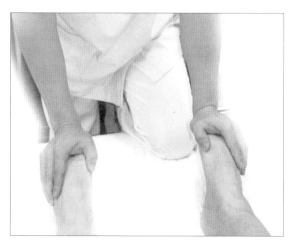

4, 이어 발가락을 아래로 내린다.

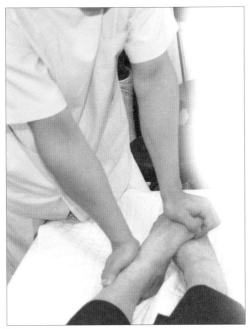

5 . 그림과 같이 양발을 교차시키고 발가락을 밀어 내린다.
또 반대로 교차시키고 반복한다.

자기
자신 혼자
하는
발마지와
담뱃불 뜸

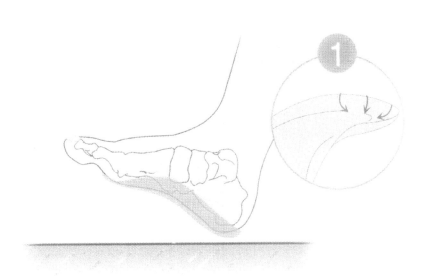

1, 우선은 무릎을 꿇고 앉아서 5분이고 숨쉬기를 한다. 그림과 같이 발등을 세워 11자로 한다.

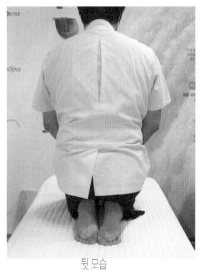

뒷 모습

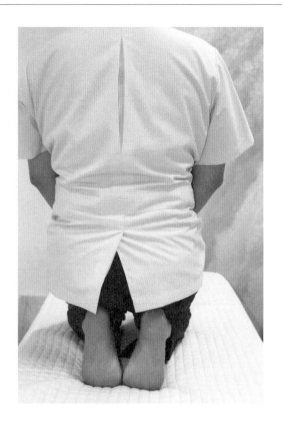

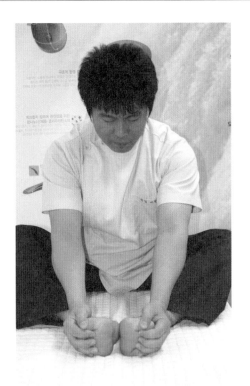

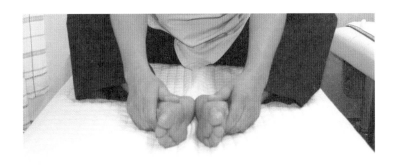

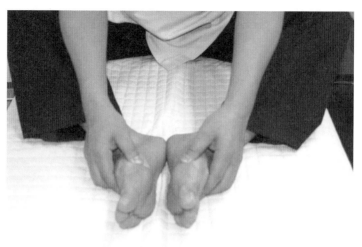

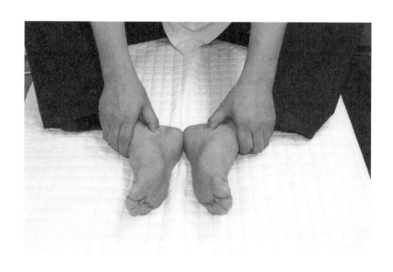

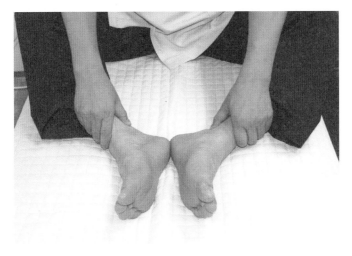

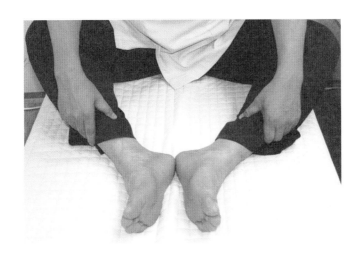

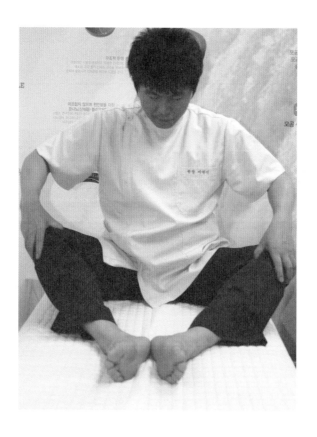

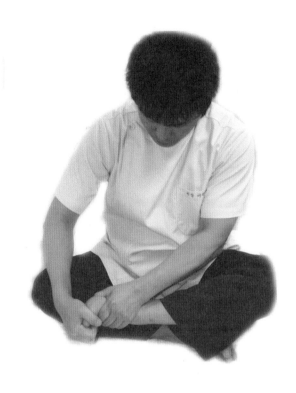

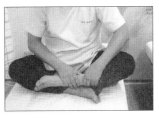

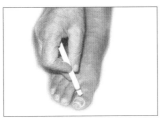

발
손에
담배불 뜸
뜨기의
실전

혼자서발 주무르기

■ 무릎 위 10cm 까지 주물러야 큰 효과

전술한 발주무르기는 상대가 발의 아픈 부위에 병의 따라서 혈을 주물러 주었다.

그러나 지금 부터는 자기 혼자 아침 저녁으로 누구의 도움없이 아침 저녁 시간의 제한없이 10-20분 씩 주무르기를 하면 만병을 예방 치료할 수 있다.

우리 인간의 몸은 무엇 하나 빠져도 정상적으로 움직일 수 없는 거대한 씨스템 공장이다. 인체는 일체 장부(오장 육부)의 이상은 그 장부만의 이상이 아니라 다른 원인에서 온는 영향도 있고 이상을 일으키고 있는 장부에서 다른 장부로 병을 옮기는 경우도 있다.

오늘날 현대 의학은 장기에만 눈을 돌리고 있지만 인체에서 장기가 차지하고 있는 비율은 2분지1도 못된다고 한다. 나머지 2분지 1을 잊고 있기 때문에 병은 줄지 않는 것이다.

발바닥 건강법도 증상이 있는 부분만을 주무르면 좋아지는 것이 아니다. 신장이 약한 사람이 신장의 반사구만 주무르고 있는 것은 잘못이다. 발바닥에서부터 무릎 위 10cm 부분까지 전부 주물러서 약한 것을 도와 강하게 한다.

이것을 무시하고 발바닥의 장기만 주무르면 반사구가 있는 한 군데만 을 주물러 봤자 약간의 효과 밖에 거둘 수 없는 것이다.

체내를 통과해서 발로 흐르는 혈관은 무릎에서 두 갈래로 나누어져서 하나는 경골을 따라서 앞으로, 다른 하나는 비골(종아리 뼈)대 장단지로 나와 있는 것을 알 수 있다.

혈관이 발속을 흐르고 있는 그림이다. 체내를 통과해서 발로 흐르는 혈관은 무릎에서 두 갈래로 나누어져서 하나는 경골을 따라서 앞으로 흐르고 또 하나는 비골(종아리 뼈)을 따라서 장단지로 나와있다.

더러운 침전물이 발 끝부터 고여 복사뼈의 십자 인데에 더러운 침전물이 달라붙어 동맥을 흐르는 혈관을 압박하여 이곳 혈액의 흐름이 가늘어 지면 혈압의 아래 수치가 높아진다.

더 나아가서 동맥이 두 갈래로 나누어져 있는 무릎 뒤까지 더러운 침전물이 쌓이면 이곳 혈액의 흐름이 압박되고 혈액이 더러워져 있지 않아도 혈압은 오른다. 그렇게 되면 당황해서 의사에게 가서 약을 먹게된다. 그렇게 되면 침전물은 점점 쌓이고, 나중에는 무릎에서 아래가 팽팽해지고, 추운 겨울에는 하퇴부에 침전해 있던 노폐물이 수축, 혈관이 압박되어 혈액이 통하지 않아 혈압이 뛰어올라서 뇌혈전이나 뇌경색을 일으킨다.

혈압이 오를 때라는 것은 실은 몸의 구석 구석까지 혈액의 흐름이 원활하지 않고, 특히 발끝까지 미치지 못하는 동안에 무릎이나 복사뼈까지 온것이 거기서 다시 밀려 돌아가는 동안에 무릎이나 복사뼈까지 온 것이 거기서 다시 밀려돌아가는 상태가 되는 것이다.

쓸데없는 혈액은 심장이나 간장에 부담을 주고 두부를 충혈시켜 뇌출혈이나 심장병을 일으키는 것이다.

발바닥을 주무르면 확실히 각 장기와 밀접한 관계도 있고 혈행도 왕성해진다. 발바닥을 주무르면 발끝에 쌓이기 쉬운 침전물은 풀리게 된다. 그러나 더러운 침전물은 그대로 발끝에서 체외로 증발할 수 없고 발목에서 무릎을 마지막으로 신장에 당도하여 배설되어야 한다.

또 더러운 혈액을 운반하는 파이프의 역활을 하고 있는 정맥에서도 혈액이 역류하지 않도록 벨브가 붙어있다. 이 벨브 언저리에 더러운 침전물이 쌓이기 쉽기 때문에 발바닥만 주물러도 심장으로 통하는 무릎에서 아래 파이프의 혈로를 깨끗이 하지 않으면 효과가 없다. 그래서 발을 주무르고 이어 무릎 위 10cm 까지 주물러 주어야 한다.

1, 요통
신경통에
담배불 뜸
뜨기

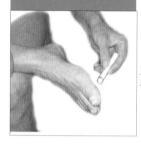

그림에 지정한 복강신경총, 요추선골, 골반부
등에 담배불 뜸을 뜬다.

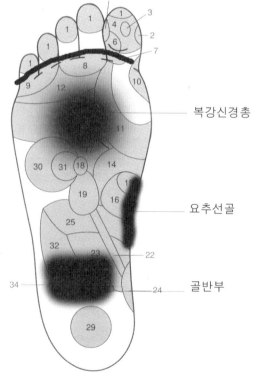

복강신경총

요추선골

골반부

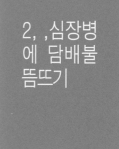

2, ,심장병에 담배불 뜸뜨기

그림에 지정한 심장, 심장관련부,견관절에
담배불 뜸을 뜬다.

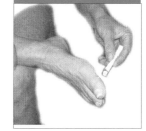

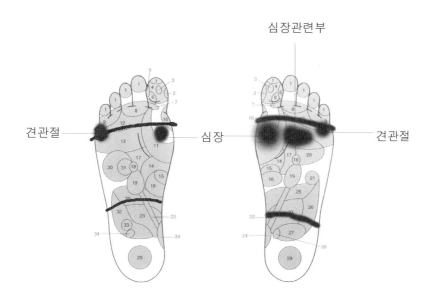

심장관련부

견관절

심장

견관절

3, 고혈압 에 담배불 뜸 뜨기

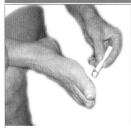

그림에 지정한 머리, 목덜미, 심장, 복강신경총등 의 반사구에 담배불 뜸을 뜰것.

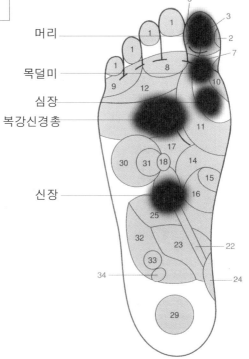

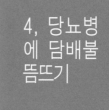

그림에 지정한 복강신경총, 부신, 췌장등의 반
사구에 담배불 뜸을 뜬다.

복강신경총

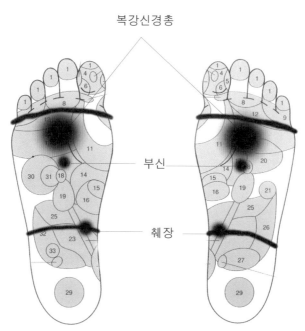

부신

췌 장

5, 신장병에 담배불 뜸뜨기

그림에 지정한 신장, 뇨관등의 반사구에 담배불 뜸을 뜰것.

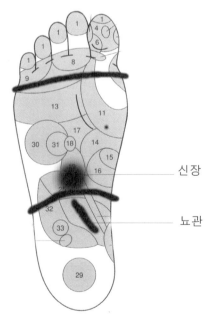

신장

뇨관

6,변비에
담배불 뜸
뜨기

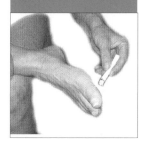

그림에 지정한 위, 소장, 횡행결장, 직장, 하행
결장, 에스상결장, 상행결장등의 반사구에 담
배불 뜸을 뜰것.

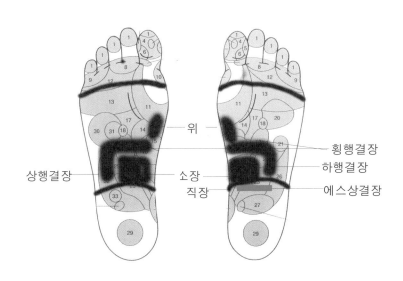

7,동맥경 화에 담배 불 뜸뜨기

그림에 지정한 간장, 담낭,뇨관, 갑상선, 부신, 췌 장, 신장, 방광등의 반사구에 담배불 뜸을 뜰것.

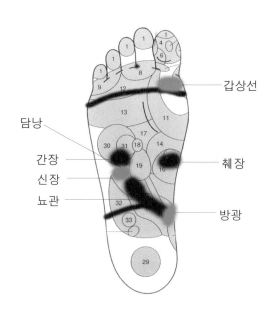

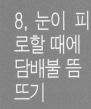

8, 눈이 피
로할 때에
담배불 뜸
뜨기

그림에 지정한 눈, 머리, 경추, 목덜미, 견관절, 간장
등의 반사구에 담배불 뜸을 뜰것.

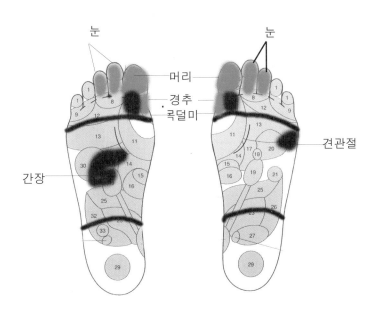

9, 피로회복에 담배 불뜸 뜨기

그림에 지정한 갑상선, 신장, 간장등의 반사구에 담배불 뜸을 뜰것.

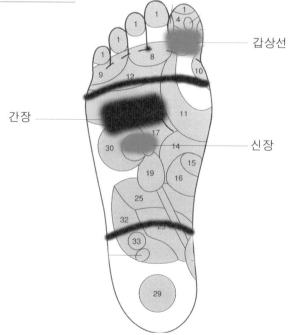

10, 비만에 담배불 뜸 뜨기

그림에 지정한 갑상선, 심장, 부신, 신장등의 반
사구에 담배불 뜸을 뜰것.

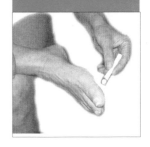

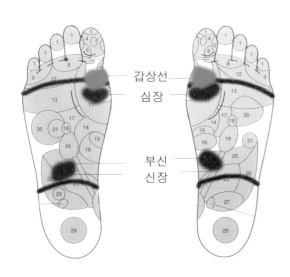

갑상선
심장

부신
신장

11, 목, 어깨결림에 담배불 뜸 뜨기

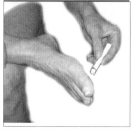

그림에 지정한 머리, 경추, 목덜미, 위, 눈, 상임 파선, 견관절등의 반사구에 담배불 뜸을 뜰것.

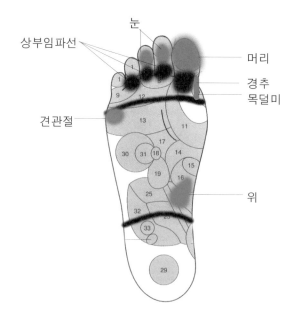

12, 두통에 담배불 뜸 뜨기

그림에 지정한 유양돌기, 머리, 경추, 목덜미, 상임파선, 복강신경총등의 반사구에 담배불 뜸을 뜰것.

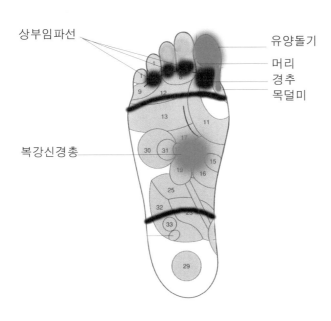

상부임파선

유양돌기
머리
경추
목덜미

복강신경총

13, 냉증에 담배불 뜸 뜨기

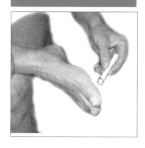

그림에 지정한 상부임파선, 미골, 선골,복강신경
총총등의 반사구에 담배불 뜸을 뜰것.

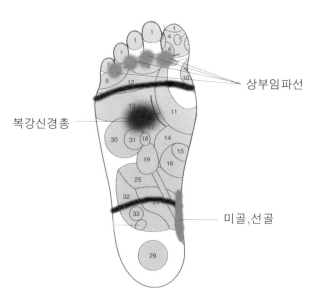

상부임파선

복강신경총

미골,선골

14, 만성위염, 위궤양에 담배불 뜸뜨기

그림에 지정한 식도, 위, 십이지장, 하행결장, 소장공장회장, 담낭, 상행결장, S상결장등의 반사구에 담배불 뜸을 뜰것.

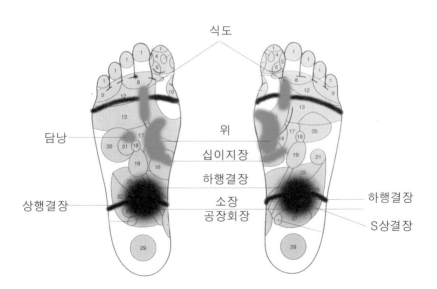

식도

담낭

위

십이지장

하행결장

상행결장

소장
공장회장

하행결장

S상결장

15, 기억
력, 집중력
증진에 담
배불 뜸
뜨기

그림에 지정한 두부, 목덜미, 경추, 간장등의 반
사구에 담배불 뜸을 뜰것.

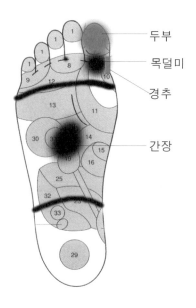

두부
목덜미
경추
간장

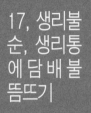

**17, 생리불
순, 생리통
에 담 배 불
뜸뜨기**

그림에 지정한 목, 자궁, 생식기, 난소등의 반사
구에 담배불 뜸을 뜰것.

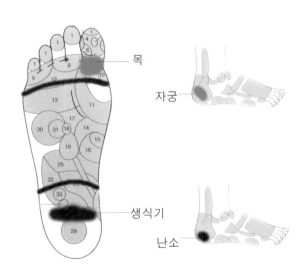

목

자궁

생식기

난소

1, 고혈압에 담배불 뜸 뜨기

손에 담배불 뜸

그림에 지정한 손바닦의 머리, 목, 식관등의 반사구에 담배불 뜸을 뜰것.

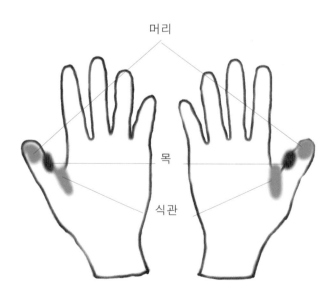

머리

목

식관

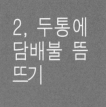

2, 두통에 담배불 뜸 뜨기

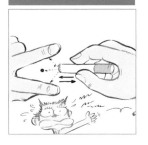

그림에 지정한 손바닥의 머리, 어깨, 축두등의
반사구에 담배불 뜸을 뜰것.

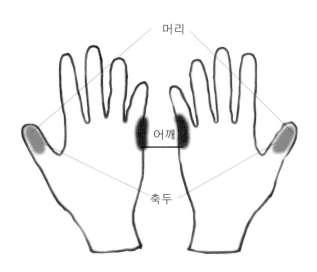

머리

어깨

축두

3, 기침, 가래에 담배불 뜸뜨기

그림에 지정한 손비닥의 호흡기 구내, 간장, 신장, 췌장등의 반사구에 담배불 뜸을 뜰것.

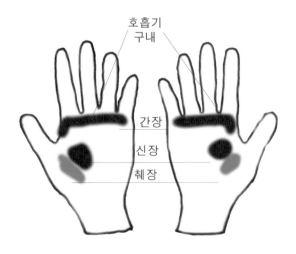

호흡기
구내

간장

신장

췌장

4, 어깨결림에 담배불 뜸뜨기

그림에 지정한 손바닦의 목, 어깨등의 반사구에
담배불 뜸을 뜰것.

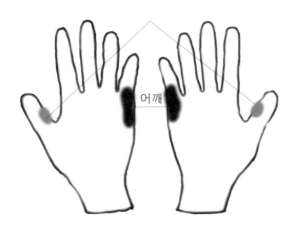

어깨

5, 눈의 피로에 담배불 뜸뜨기

그림에 지정한 손바닥의 눈(장), 눈(심장), 목등의 반사구에 담배불 뜸을 뜰것.

눈(장)

눈(심장)

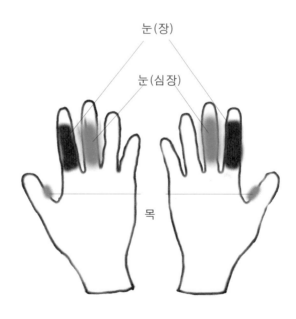

목

6, 당뇨병
에담배불
뜸뜨기

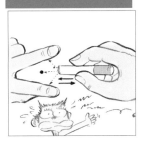

그림에 지정한 손바닥의 머리, 부신, 췌장, 소화
기등의 반사구에 담배불 뜸을 뜰것.

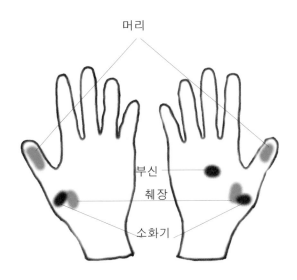

머리

부신

췌장

소화기

제3부

발마사지의 보조 운동법

올바른
걸움걸이

우리는 어렸을 때부터 걸음걸리의 가르침에 대해 전혀 모르면서도 인생에 아무 문제없이 살아왔다. 그러면서 우리는 항상 걸어 다니면서 걸음조차도 잘못되어 있으면서도 누구나 다 그렇게 걸었었고 또 그 걸음에 익숙해져 삐뚤어진 몸으로 갖가지 질병을 키우고 있다.

우리는 똑바른 체격은 만병을 물리치고 있다는 사실은 누구나 다 알고 있는 사실이다.

삐뚤어진 몸체는 여러가지 원인으로 만들어진다.

어렸을 때부터 걸음걸이의 습관, 즉 X자 걸음걸이, 8자 걸음걸이, O자 걸음걸이등이 있고 반대로 샐활 습관이나 직업병에서 오는 경우도 있다. 이렇듯 우리는 삐뚤어진 몸체에 관해서는 가벼운 신경을 쓰지않고 어디가 아프면 우선 손쉬운 약방이나 병원을 찾는것이 일쑤다.

올바른 걸음걸이에 익숙해지면 자동적으로 팔다리와 몸전체의 조화로 오장 육부와 12경락의 운행이 좋아져서 우리 몸속에 축적된 독소와 막힌 어혈등이 풀린다.

그것은 보행법과 주행동작이 전신의 유관기관 끼리 서로 도우면서 공명될 수 있도록 인체의 생명공학에 입각해 가장 적합한 동작으로 완성된 생명 조화의 묘법이 있다.

그러면 지금부터 라도 올바른 걸음걸이로 보다 건강과 활력을 되찾는 인생관을 바꾸어 보기 바란다.

운동이 보약 보다 좋다. 건강하기 위해서는 운동이 필수적이라는 것은 누구나 잘 알고 있는 사실이다. 따지고 보면 맛사지, 침술, 담배불 뜸뜨기, 운동 등이 우리의 건강을 지키기 위한 근본적인 원리는 같은 것이다.

침은 막힌 혈자리에 침을 인위적으로 자극을 주어 혈을 움직이게 하는 방법이고, 담배불뜸은 맥힌 혈자리를 따뜻하게 하여 자극을 주어 움직이게 하는 것이고, 운동은 움직여서 혈을 유통시키는 것이다. 이중에서 가장 효과적인 방법이 운동이다 다른 방법은 병이 있는 혈을 찾아서 국부적인 치료법이고 운동법은 전체적으로 누구의 힘을 안 빌리고 혼자서 할 수 있는 방법이다.

 운동 중에도 누구나 손쉽게 효과적으로 할 수있는 것이 걷는 것이다. 또한 생활의 필수적인 걸음걸이 이것은 생활 속에서 언제나 할 수 있는운동이다. 다른 운동처럼 시간과 장소를 요하지도 않고 남여노소의 구애도 받지 않으며 특히 발마사지는 필연이고 모든 병을 치료내지는 예방이 된다.

 특히 건강한 사람아나 다른 병에도 필수적이지만 고혈압 뇌졸증, 뇌동맥경화증은 뇌세포에 산소와 영양 물질을 공급하고 대사산물을 운반하는 뇌혈관에 생긴 질병으로 모두 운동부족과 관련되는 질병들이다 꾸준히 운동을 하면 우선 심장이 단련된다.

 이렇게 단련된 심장은 힘있게 뛰면서 뇌와 온몸에 골고루 피를 보내준다. 따라서 유연한 혈관의 탄력으로 건강을 유지한다. 또한 심장이 힘있게 뛰면 혈액순환이 빨라지면서 혈관 벽을 굳게 하는 코레스톨이 혈관 벽에 들어붙지 못하게 하며 또한 뇌에 보내는 산소와 영양물질의 공급도 좋아지고 대사 산물도 빨리 내보내어 뇌의 피로도 빨리 풀고 그 기능도 왕성하게 한다.

 걷는 일은 모든 운동 가운데서 가장 긴 시간을 점하고 있는 데다가 누구나 쉽게 할 수 있는 최량의 운동이다.

 걷는 것은 주로 다리 운동인데 호흡기 기능도 촉진해 자연히 전신적인 운동이 된다.

또 정신적인 노력을 필요로 하지도 않고 장시간 계속하고 있어도 비교적 피로가 적다.

공기가 좋은 환경이나 조용한 자연 속에서 걷기를 계속할 때에는 신체의 발육에도 매우 바람직한 효과를 가져다 줄 것이다. 그러나 최근 교통기관의 발달과 학습이나 사무 능률의 향상에 따라, 사람들은 점점 더 걷지 않게 되고 또 걷는 것을 좋아하지 않게 되었다. 중년이 지나서부터는 노쇠 현상이 나타나는데, 사람은 먼저 다리부터 늙어간다고 이야기되고 있다. 뿐만 아니라 젊은 때에도 신체 발육의 기반은 다리이기 때문에 이것을 소중하게 여겨 단련할 필요가 있다. 무엇보다도 다리에 필요 이상의 부담이나 무리한 짐을 지우는 일 없이 바른 보행을 하도록 마음 쓸 일이다. 여기에 호흡까지 겸하면 금상첨화다.

걸음을 교대하는 동작에서 바닥에 내 딛는 동작을 습관적으로 떨어 뜨리어 버리지 말고 살려낸다. 그 핵심은 발을 쿵 하고 내려 놓았다가 무의식적인 동작으로 다시 들어 교대하는 것이 아니라 발을 지면에 내려 놓을 때 "쿵" 하고 한번에 내리 꽂으며 힘이

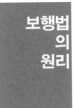

바닥을 그냥 부디치는 것이 아니라 자연스럽게 "쿵웅" 하는 식으로 발이 바닥에 부딪치는 순간 반동하는 힘을 가지고 무릎을 가볍게 들면서 앞을 향해 움직인다.

그러면서 바닥을 찍는데 걷는 목적이 있는 것이 아니고 일단 부담해야 할 인체의 하중을 가볍게 받아 다음으로 나가는 것이 목적이기에 지면에 닿자마자 살짝 들 듯이 반동을 주어 다음 동작과의 원활한 동작을 취한다.

마치 고양이가 소리없이 걷는 것처럼 부드러운 느낌으로 양 발의 교대를 이룰 수 있다.

동작1

걸을 때 양팔의 동작을 통해 허리와 엉덩이의 회전과 공명하는 팔 기술은 양 팔은 손가락 사이를 자연스럽게 벌리고, 손 끝이 서로 마주보게 하여 가볍게 좌우로 흔들며 이 때 팔을 뻗치는 편의 반대쪽 발 뒤꿈치를 충분히 들면서 몸이 뜨는 느낌의 동작 기운을 키운다.

동작2

양발을 지면에 붙이면서 허리를 충분히 돌리면서 몸통의 좌우 회전 진행에 운신을 넓혀 주기위한 동작이다.

. 양 무릎은 고정시킨 상태와 구부린 형태의 두가지 자세에서 할 수 있다.

시선은 항상 정면을 보면서 양팔이 돌아가는 방향으로 어깨를 따라 허리와 엉덩이도 같이 움직인다.

동작3

걸울 때 무릎을 앞으로 내밀지 않고 뒤로 젖히는 모양으로 동작을 취하며 출발과 동시에 전신 중심을 잡아 상체와 무릎이 같은 방향으로 진행하고자 일체감을 갖는다.

실제로 무릎이 앞장서서 나가면 몸은 이끌려 가는 듯이 진행한다.

전체 중심을 잡아 일체감 있게 나가면 몸 전체가 능동적으로 진행하는 식이된다.

동작4

양발의 좌우접촉은 그림과 같이 발바닥 구동 중심의 흐름은 발 디꿈치 우너형부분의 기점을 시작으로 엄지 발가락의 원형쪽으로 흘린다.

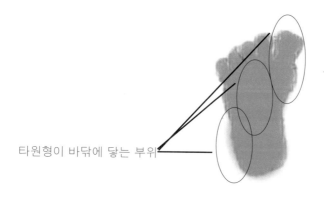

타원형이 바닥에 닿는 부위

바르게
걷기

바르게 걷기

무게 중심이 앞에 있는 바른 걸음 자세

발 가운데와 닿기

발 뒷축 닿기

발끝 떼기

보행의 원리

아래 내용과 그림은 (주)스텝스사 제공임을 밝힌다.

올바른 보행의 원리를 이해하는 것이 신체 균형 회복의 출발점이며 발
마사지 보다도 더중요하다.

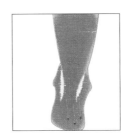

보행시 발뒤꿈치의 바깥쪽이 제일 먼저 지면에 닿게 되
며, 이때 발근육은 이완될 준비를 한다.

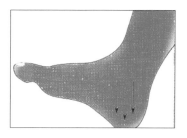

발바닥 전체가 지면에 닿는 순간 근육은 완전히 이완되어 뒤꿈치가 일직선으로 정렬되며 신체 하중이 발 바닥 전체에 퍼지게 된다.

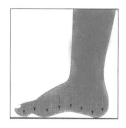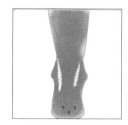

발을 뗄 때는 뒤꿈치 안쪽이 먼저 들리게 디는데 이 때 발의 근육(아치근육)이 수축됨과 동시에 신체 하중이 발가락쪽으로 쏠리게 되며 최종적으로 엄지발가락이 지면을 차고나가며 앞으로 걷게된다.

발이 안쪽 또는 바깥쪽으로 돌아가 있는 상태에서는 정상적인 걸음이 불가능하므로 보행시 각관절과 근육에 무리를 주게 되어 신체불균형을 초래하고 이로 인해 신체에 통증이 야기된다.

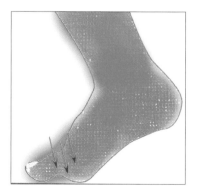

자세로 인한 신체 불균형

 대부분의 현대인은 잘못된 걸음과 생활로 인해 뼈와 근육이 비정상적인 형태로 변형되어 신체의 균형이 무너진 상태다. 즉 비뚤어진 불균형 상태에서 보행을 하게되면 뼈와 근육은 비정상적인 활동을 지속하게 되어 불균형상태가 고착, 심화된다.

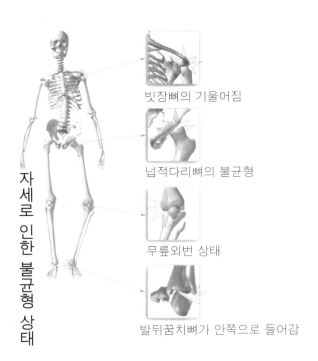

자세로 인한 불균형 상태

빗장뼈의 기울어짐

넙적다리뼈의 불균형

무릎외번 상태

발뒤꿈치뼈가 안쪽으로 들어감

발을 통한 신체 불균형(1)

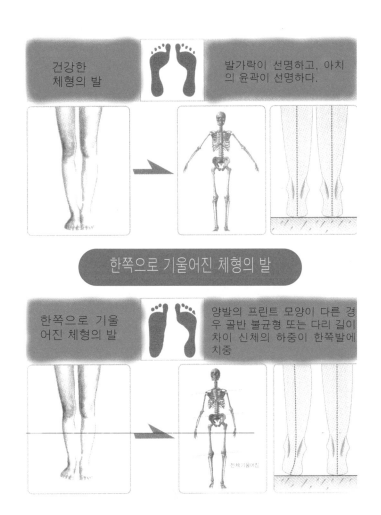

건강한
체형의 발

발가락이 선명하고, 아치
의 윤곽이 선명하다.

한쪽으로 기울어진 체형의 발

한쪽으로 기울
어진 체형의 발

양발의 프린트 모양이 다른 경
우 골반 불균형 또는 다리 길이
차이 신체의 하중이 한쪽발에
치중

발을 통한 신체 불균형(2)

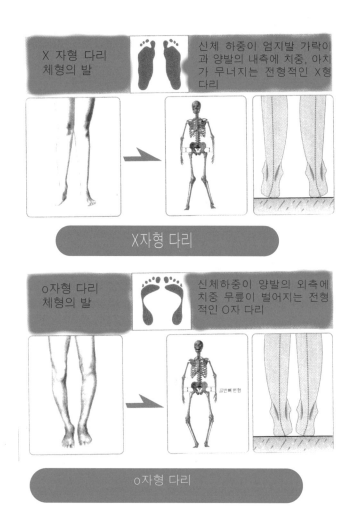

| X 자형 다리 체형의 발 | | 신체 하중이 엄지발 가락이과 양발의 내측에 치중, 아치가 무너지는 전형적인 X형 다리 |

X자형 다리

| O자형 다리 체형의 발 | | 신체하중이 양발의 외측에 치중 무릎이 벌어지는 전형적인 O자 다리 |

o자형 다리

발을 통한 신체 불균형(3)

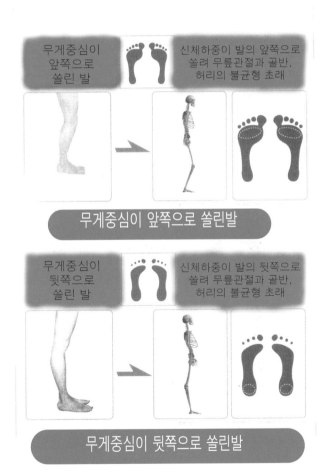

앞쪽으로
쏠린 발

신체하중이 발의 앞쪽으로 쏠려 무릎관절과 골반, 허리의 불균형 초래

무게중심이 앞쪽으로 쏠린발

무게중심이
뒷쪽으로
쏠린 발

신체하중이 발의 뒷쪽으로 쏠려 무릎관절과 골반, 허리의 불균형 초래

무게중심이 뒷쪽으로 쏠린발

발을 통한 신체 불균형(4)

 현대인의 잘못된 자세와 걸움걸이등 으로 인한신체불균형은 스트레스, 만성통증,그리고 각종 질병의 원인이 된다.

신체불균형으로 인한 일반적 증상은 다음과 같다.
1, 발이 이유없이 아프고 쉽게 피로를 느낀다.
2, 오래 걷지못하고 다리가 아프다.
3, 신발이 왼쪽만 유난히 아프다.
4, 허리가 아프거나 무릎,발목등의 관절이 아프다.
5, 목이 뻐근하고 어깨가 결린다.
6, 만성요통 및 결림 혈액순환 장애등 질병의 원인이 된다.
7, 히스테리, 의욕저하, 자신감 상실의 원인이된다.

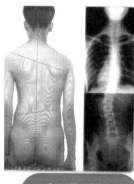

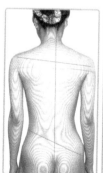

충만증 환자의 모아래 사진과 X-RAY 와 비교

근육이 틀어지고 경직되어 있는 체형

걸으면서 호흡하기

　걸음을 걸으면서 하는 기공을 행보공(行步功)이라 한다. 걷는 동작이 위주가 되므로 동공에 속하며 종류도 여러 가지가 있다. 걸음을 걷는다는 것은 그 자체가 훌륭한 보건 운동이므로 특히 만성질환 환자의 보조적 운동 요법을 권장되고 있다. 그런데 행보공은 거기에 호흡법과 팔운동까지 배합했으니 그야말로 금상첨화라 할 것이다. 행보공은 출퇴근할 때, 산책할 때, 야외로 소풍 나갈 때 등 걸음을 걸을 때는 언제든지 할 수 있어서 매우 편리한 면이 있으며, 기공의 생활화에도 도움이 된다.

　여기에 간단한 행보공 몇 가지를 쉬운 것에서부터 차례로 소개한다.

4보에 한 호흡하기

두 걸음(오른발과 왼발)에 들숨, 다음 두 걸음에 날숨을 맞춘다. 즉 네 걸음에 한 호흡을 한다. 세 걸음에 들숨, 다음 세 걸음에 날숨을 맞출 수도 있는데 이때는 여섯 걸음에 한 호흡이 된다. 걸음이 빠를 때는 네 걸음에 들숨, 다음 네 걸음에 날숨을 맞춰도 된다. 여덟 걸음에 한 호흡을 하게 된다. 호흡은 보통 코로 깊이 들이쉬고 코로 길게 내쉬되 자연호흡법을 택한다. 숨이 차지 않는 범위 내에서 걸음 수와 호흡을 조절한다. 팔의 동작은 평상시 걸을 때와 같다.

연공 시간은 처음엔 20-30분, 걷는 거리는 2킬로미터 정도가 적합하지만 숨이 차지 않는 범위에서 시간과 거리를 점차 연장해 나간다.

평식행보공은 평상시의 그릇된 호흡법, 즉 짧고 얕은 호흡 습관을 교정하여 폐의 호흡 기능을 증강시키는 효과가 있으므로 누구에게나 적합 한 공법이다. 그렇다고 처음부터 무리를 해서는 안 된다. 어디까지나 순서를 밟아서, 처음엔 네 걸음에 한 호흡으로 시작해서 익숙해진 후에 여섯 걸음에 한 호흡, 다음엔 여덟 걸음에 한 호흡으로 넘어가도록 한다.

226 정통발마사지와담뱃불뜸

네 걸음(4보)을 한 단위로 해서, 첫째 걸음에 들
숨, 둘째 걸음에도 들숨, 셋째 걸음에 날숨, 넷째
걸음엔 호흡을 하각종 신장병 수종, 당뇨병, 심장
병, 부인과 질환 등 적응증이 광범위하며 암증에
도 효과가 있는 것으로 되어 있다.

4걸음 단위로 들숨, 들숨, 들숨, 날숨, 호흡 안함

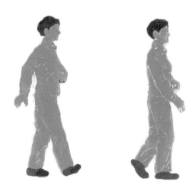

4걸음을 한 단위로 세 번 들이쉬고 세번 내쉬기

네 걸음(4보)을 한 단위로 해서 처음 두 걸음에 연속적인 들숨 3회, 다음 두 걸음에 역시 연속적인 날숨 3회를 맞추는 방법인데 여기에 팔의 동작이 배합되어 있다. 태호기공 항암공의 일부(세 번 들이쉬고 세 번 내쉬기 로 수록되어 있다.

걸을 때 몸 전체는 방송 상태를 유지해야 한다. 걸음걸이에 맞춰 머리를 좌우로 자연스럽게 돌리면서 몸통도 이에 따라 가볍게 좌우로 움직이도록 한다.

호흡은 코로 들이쉬고 코로 내쉬되, 들숨은 제1보(오른발)에서 짧고 강하게 한 번 들이쉬고 끊었다가 제2보(왼발)에서 연거푸 한 번 더 들이쉰다. 숨소리가 귀에 들릴 정도로 한다.

날숨은 제3보(오른발)에서 하게 되는데 기관과 인후를 활짝 열어 놓아 공기가 저절로 빠져나가도록 한다. 힘을 쓰지 않는다는 뜻이다.

제4보(왼발)에서는 날숨이 끝난 상태를 그대로 유지하면서 숨을 더 이상 내쉬지도 않고 들이쉬지도 않는다. 글자 그대로 '휴식(休息)'이다.

두 눈은 먼 곳을 바라보되 양미간을 활짝 펴고, 입은 미소를 머금은 채 가볍게 다물며, 혀끝은 윗잇몸에 올려붙인다. 잡념은 모두 털어버리고 가벼운 마음으로 걷기를 즐기도록 한다. 보행 속도는 1분 간에 50-60보가 적당하나 익숙해진 후에는 신체 상태를 보아 가며 적당히 속도를 늘려도 된다.

한 차례 연공 시간은 20분 정도로 한다.

2보를 한 단위로 첫 걸음에 연속 2번 들숨 둘째 걸음에 날숨 연속 두 걸음(2보)을 한 단위로 해서, 첫째 걸음(오른발)에서 연속적으로 두 번 숨을 들이쉬고, 둘째 걸음(왼발)에서 한 번 짧게 숨을 내쉰 후 잠깐 '휴식' 한다.

산책을 한다든가 출퇴근길에 무조건 걸을 때는 하나서부터 백까지 숫자를 속으로 세면서 자연호흡으로 걷는다. 숫자 하나에 한 발자국, 의념은 양 발에 갖는다.

숫자 세는 것은 잡념 배제에 큰 몫을 한다.

이러한 방법을 습관들이면 자연히 호흡법과 기가 축적되어 활력이 생기게 되고 숫자를 빨리 세면 걸음걸이도 빨라진다.

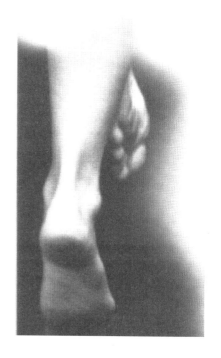

신발
고르기.

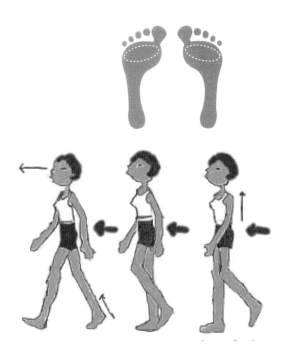

「맞지않는 신발」이 일으키는 발의 병

새 신발을 신어서 물집이 생기고 말았다든지 발이 아프게 된 경험은 누구나가 있었을 것이다. ─는 사이에 신발이 조금씩 늘어나 통증을 느낄 수 없게되면 완전히 「친숙해진 신발」이라고 생각─다. 그러나 「아프지는 않지만 안맞는 신발」이 가장 위험한 것이다. 사소한 압박을 장시간 계속─가장 발을 변형시키기 쉬운 조건이기 때문이다.

신발이 맞지않기 때문에 일어나는 주된 발의 장해를 분류하면 다음 4가지를 들 수 있다.

●발이 변형하는 병(외반모지, 내반소지, 해머, 토우등)

외반모지는 하이힐을 애용하는 여성에게 많은 병이다. 엄지발가락이 새끼발가락쪽으로 점점─다는 것으로 심하게 되면 엄지발가락의 뿌리가 바깥쪽으로 튀어나와 심한 통증을 수반한다─본래의 활동을 할 수 없게 되기 때문에 걷는데 무리가 생겨서 무릎의 관절이나 골반까지가 ─있다. 반대로 새끼발가락쪽으로 구부러지는 것을 내반소지라고 한다.

해어, 토는 작은 신발이나 힐의 높은 신발을 계속 신는일이 원인으로 된다. 발가락이 구두에 ─절이 구부러진채 원래대로 돌아가지않게 되는 것으로 심한 통증을 수반한다.

●발톱이 변형하는 병(함입과=발톱이 빠져들어가는)

함입과는 구두(신발)에 의한 위나 열에서의 압력으로 발톱의 가장자리부분이 피부(살) 속으─는 것이다. 신발이나 양말속은 그다지 청결하지는 않으니까 세균감염되기 쉬워 염증을 일으켜─톱을 깍아도 자랄 때마다

외반모지, 내반소지, 해머 · 토우

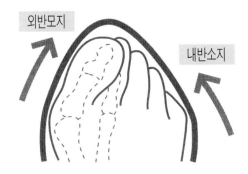

①신발의 발가락 끝부분에서 발가락이 강하게 눌리우기 때문에 일어난다.

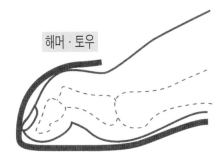

②신발의 앞 끝에 발가락이 강하게 눌리우기 때문에 관절이 꺾여 구부러진다.

먹어들어서 한번 생기면 좀체 낫지않는 것이 특징이다. 작은 신발은 물론 지나치게 큰 신발도 안에서 발가락이 움직이고 말아서 발톱과 신발이 쓸리는 바람에 피할 필요가 있다.

●발의 피부가 각질화하는 병(못=굳는살, 티눈등)

맞지않는 신발을 신어서 피부의 표면이 강하게 쓸려서 열을 가지고 오면 피부가 물집처럼 된다. 이것이 「구두쓸림」으로 새 신발을 신었을 때 발에 강하게 닿는 부분에 일어난다. 그러한 신발을 계속 신은결과 피부에 두텁고 단단한층이 생기고마는 것이 못이다.

티눈은 「뼈의 고드름」의 일로 신발속에서 단단히 죄인 탓으로 뼈가 돌출되어 발의 바닥쪽으로 나오는 것이다. 뾰족하게된 부분이 몸에 들어가서 신경을 자극함으로 통증을 수반한다.

●발의 피부가 세균에 침범당하는 병(무좀등)

발에 맞지않는 신발을 신으면 신발의 속이 물쿠러지기 쉽고 무좀등을 발병하기 쉬워진다.

스트레칭

스트레칭의 중요성

우리 인간은 살아 있으면 움직이고 살기 위해서 움직인다. 이러한 점은 다른 동물과 다를 게 없다. 따라서 육체적., 정신적 노동의 움직임으로 분류된다. 우리 인간의 움직임은 개성에 따라 각기 다르며 그 움직임 속에 건강이 따른다. 곧 움직임 속에 호흡과 정신도 수반되어 있다는 것이다. 하지만 지나치게 많이 움직이고 영양가 많은 음식을 먹는다고 해서 건강한 것은 아니다. 잘못된 움직임은 건강을 해치게 된다. 움직이기는 하되 자연의 법칙에 어긋나지 않게 올바르게 움직여야 한다.

자연의 법칙에 부합되는 몸놀림이 어떤 것인지는 동물들의 몸놀림을 보면 알 수 있다. 동물들의 움직임은 언제나 자연스럽고 유연하다. 그리고 동물들은 틈만 나면 제각기의 보건체조 를 하고 유희를 즐긴다. 또한 자기 힘에 알맞을 만큼 움직이고 휴식을 취한다.그야말로 모든 것이 자연 그대로다. 따라서 야생동물들이 병에 걸리지 않고 정해진 수명을 다하는 것은 그 때문이라고 말할 수 있다. 동물은 네 발로 움직여도 균형을 잃지 않으며 정신적으로도 큰 욕심이 없다.

날아다니는 새들은 또 두 발과 양쪽 날개로 움직이기 때문에 균형을 잃지 않는다.

하지만 우리 인간은 어떠한가. 전문화된 직업 때문에 또는 인위적인 오락 운동으로 인해 신체의 한쪽이나 어느 한 부분만을 날마다 무리하게 움직이고 있는가 하면 육체적, 정신적으로 과로하는 경우도 적지 않다. 예를 들자면 요즘 학생들이 학교 의자가 몸에 맞지 않기 때문에 앉는 자세가 잘못되어 허리병을 가진 학생들이 70%나 된다는 통계가 사회적인 심각한 문제로 대두된 적이 있으며, 직업적인 운동선수들도 많이 병을 얻게 된다. 그것은 운동이 바로 직업이기 때문에 과하게 운동을 하고 운동의 종류에 따라 한쪽만을 사용하는 경우가 많기 때문에 몸이 한쪽으로 치우쳐 균형을 잃고 있음을 모르는 상태에서 건강에 대한 안일한 생각이나 부주의로 병을 얻게 된다.

몸놀림의 기반이 되는 몸가짐의 모양은 즉 자세다. 바른 자세에서 바른 몸놀림이 나오는 것은 말할 것도 없지만 바른 자세일 때 신체 내부의 생리활동도 원활하게 이루어진다. 반대로 신체의 상하좌우가 균형을 잃은 비뚤어진 자세에서는 내장과 신경 혈관 등이 압박을 받아 제대로 작용할 수 없게 된다. 뒤틀린 자세에서는 기의 소통도 잘 될 리가 없으니 마침내는 병이 생긴다는 것이 기공의 관점이다.

나쁜 자세가 그대로 굳어버려서 그 때문에 얻은 병은 자세를 고치지 않는 한 절대로 완치될 수 없다.

그러므로 건강하게 오래 살기를 원한다면 습관화된 그릇된 몸놀림과 자세부터 바로잡아야 한다.

머리 대고 물구나무서기

1. 그림과 같이 양 손을 바닥에댄다. 동시에 머리도 바닥에 댄다.

2. 머리는 들고 손바닥으로 지탱해도 된다. 그림과 같이 양 무릎을 오므린다.

3. 양 발끝을 쭉 올렸으면 마음속으로 버틸 수 있을 만큼 숫자를 헤아린다.

엎드려 호흡 고르기

1. 물구나무서기가 끝났으면 그림과 같이 양 발등을 바닥에 대고 무릎꿇고 앉은 상태에서 머리를 앞으로 숙여 이마나 머리를 바닥에 댄다. 마음 속으로 버틸 수 있을 만큼 숫자를 헤아린다.

2. 이어서 머리를 들고 양손가락이나 주먹을 바닥에 댄다.

3. 양 손끝이나 주먹에 힘을 주며 팔굽을 펴서 상체를 일으킨다. 18회~36회 반복한다.

엎드려 허리 뒤로 꺽기

자세와 요령

1. 그림과 같이 엎드려서 호흡과 마음을 가다듬는다.

2, 숨을 내뿜으면서 허리를 뒤로 꺽는다.

3, 최대로 뒤로 젖힌후 숨을 들이 쉬면서, 원위치로 이렇게 반복 4-8 회 실시

발목 잡아 앞으로 꺾기

자세와 요령

1. 그림과 같이 앞으로 양 발을 중앙에 모으고 양 손으로 양 발을 잡는다.

2. 허리를 곧게 편 채 앞으로 상체를 숙인다.

3. 그림과 같이 머리를 완전히 바닦에 댄고 다시 원위치로 이렇게 8-18회 반복한다.

엽구리 운동

자세와 요령

1. 그림과 같이 가부좌나 결가부좌를 한 다음 양 팔을 수평으로 들고 깊게 숨을 들이마신다.

2, 다음 숨을 내뿜으면서 서서히 우측으로 양 팔을 굽힌다. 숨을 들이쉴 때나   내쉴 때쯤에는 오른쪽 팔꿈치가 바닥에 닿는다. 다시 팔을 수평으로 들고 동일한 방법으로 좌측으로 굽히면서 전과 동일 하게8-16회 실시.

2. 다시 오른 손을 수평으로 들고 좌측으로 굽히면서 전과 동일한 방법으로 8-16회 실시.

깍지끼고 앞으로 꺾기

자세와 요령

1. 그림과 같이 양 손을 주먹쥐고 양 허리춤에 바싹댄다.

2. 이어서 양 손으로 등허리 뒤에서 깍지를 끼고 숨을 깊게 들이마신다.

3. 다음에는 서서히 숨을 내쉬면서 허리를 최대한 숙여 이마가 바닥에 닿게 상체를 낮춘다. 8-16회 실시.

앉아서 허리 꺾기
자세와 요령

1. 그림과 같이 가부좌나 반가부좌를 한다. 양 손은 목 뒤로 가져가 깍지를 낀다. 그리고 두 팔꿈치를 앞으로 모았다가 옆으로 벌려서 등과 가슴을 펴고 어깨관절을 이완시킨다. 8-16회 실시.

2. 그림과 같이 오른쪽 다리를 왼다리 뒤로 놓고 왼쪽 손으로 오른쪽 무릎을 받쳐 당기면서 오른손은 바닥에 대거나 왼쪽 발목을 잡고 허리를 곧게 뻗은 상태에서 오른쪽으로 상체를 최대한 비튼다.

3. 손과 발을 바꾸어 전과 동일한 방법으로 반복해서 8-16회 실시.

물고기 자세
자세와 요령

1. 무릎꿇고 엎드린 자세를 취한다. 양손바닥은 바닥에 대고 긴장을 푼다.

2. 이어서 양 팔을 앞으로 던지면서 가슴과 배를 대고 엉덩이를 위로 최대한 치켜올린다.

엎드려 뒤로 발가락 당기기

자세와 요령

1. 엎드린 자세에서 왼손으로 왼쪽 발목을 잡고 다리를 펴 올리면서 뒤쪽으로 보내 가슴과 허리를 뒤로 펴 준다.

2. 손과 발을 바꾸어 실시. 각기 8-16초 당긴다.

3. 엎드린 자세에서 두 손으로 각각 발목을 잡고 양 발등을 양 손으로 감싸서 쥐고 앞으로 당기면서 머리도 치켜든다. 아러한 상태에서 8-16초 실시.

누워 엉덩이 흔들기
자세와 요령

1.편안한 자세로 누워서 긴장을 푼다. 양 손을 바닥에 대고 양 무릎을 가슴 쪽으로 끌어당긴다.

2. 이어서 숨을 내뿜으면서 엉덩이를 위로 들어올린다.

3. 다시 숨을 들이마시면서 엉덩이를 바닥으로 떨군다. 8-16회 반복해서 실시.

다리들어 허벅지 꺾기
자세와 요령

1.그림과 같이 바닥에 등을 대고 편안히 누워 긴장을 푼다.

2. 양 팔을 좌우로 벌고 오른쪽 다리를 위로 곧게 올린다.

3. 이어서 오른쪽 다리를 좌측으로 내려 왼손 밑에 발을 떨구면서 머리와 시선을 반대로쪽(오른쪽)으로 돌린다. 이러한 상태에서 8-16초 정지 상태. 이어서 다리와 고개를 바꾸어 전과 동일한 방법으로 실시한다.

활쏘기 자세
자세와 요령

.1, 그림과 같이 양발을 엉덩이쪽으로 당겨 눕는다. 호흡을 들이마신다.

2. 그림과 같이 양 손으로 머리뒤로 넘기고 그대로 엉덩이를 위로 올린다.
이때 동시에 숨을 내뿜는다.

누워 무릎 얼굴로 당기기
자세와 요령

1. 그림과 같이 반듯이 누워 호흡과 마음을 가다듬는다.

2.그림과 같이 양 손으로 오른쪽 무릎을 가슴으로 당긴다. 이어서 얼굴을 무릎 쪽으로 가져간다.

바로 누워 자전거 타기
자세와 요령

1.똑바로 누운 자세에서 호흡과 마음을 가다듬는다.

2. 그림과 같이 양 팔과 다리를 위로 올린다.

3. 자전거 타듯 팔과 다리를 앞으로 움직인다.

엉덩이 양 옆으로 던지기
자세와 요령

1. 그림과 같이 무릎 꿇고 앉아서 호흡과 마음을 가다듬는다.

2. 오른쪽으로 엉덩이만 모아 놓는다.

3. 이어서 반대 방향인 왼쪽으로 옮긴다. 8-16회 반복해서 실시.

어깨 바닥에 대고 양 다리 위로 올리기

자세와 요령

1, 그림과 같이 똑바로 누운 자세에서 뒤로 완전히 꺽어 양 발을 땅에 대고,
숨을 가다듬은 후 숨을 내쉬면서 서서히 똑바로 세운다.

2, 서서히 중심을 잡으면서 올리고.

3, 완전히 똑바로 세운후 8-16번 숫자를 세고, 숨을 들이 쉬면서 원위로 간
다. 세울때 그림과 같이 양 손으로 허리를 잡아 받쳐준다.

바로 누워 엉덩이 돌리기

자세와 요령

1. 그림과 같이 누워 양손을 바닥에 대고, 왼쪽 다리를 오른쪽으로 넘긴다. 동시에 어굴과 시선은 왼쪽으로 한다.

2, 반대로 같은 방법으로 실시. 이렇게 반복 4-8 회 실시한다.

야외에서 간단히 하는 스트레칭

우리가 운동을 할 때나 걸음 걸이들 할때 스트레칭은 필히 중요한 대목이다. 특히 산보를 한다든가 할 때 다음과 같이 스트레칭으로 준비운동을 하고 걸으면 큰 효과적이다. 경치 좋은 산이나 들 폭포 등, 야외에서 연공하는 것이 실내에서 하는 것보다 효과적이다라는 것을 전술한 바 있다. 그래서 야외의 산이나 들에서 간단히 스트레칭을 할 수 있는 방법을 기술한다. 이 스트레칭은 꼭 기공, 연공뿐 아니라 수영이나 갖가지 운동의 스트레칭에 많이 쓰이고 있다.

뒤로 팔꿈치 올려 누르기

뒷면 모습

1. 그림과 같이 발을 어깨너비로 벌린다.
2. 한쪽 팔꿈치를 머리 뒤로 당긴다.(8초 간격)

팔꿈치 눌러주기

1, 발을 어깨 너비로 벌린다.
2. 한쪽 팔을 어깨로 나란히 반대쪽으로 당긴다.
3. 반대 팔로 팔꿈치 부분을 살며시 눌러 준다.(8초 간격, 반대로도 실시)
삼각근 .어깨.

손 포개 올리기

1. 발을 어깨 너비로 벌린다.
2. 양 팔을 머리 위로 모아 쭉 편다.
3. 양 팔을 머리 뒤로 살며시 밀며 제친다. (8
초 간격)
삼두근, 삼각근, 광배근

뒤로 발 들어올리기

1. 한쪽 다리의 발등을 잡아 발바닥은 엉덩이 쪽으로 최대한 밀착시킨다.
2. 어느 정도 스트레칭된 후 양 손 모두를 사용하여 스트레칭 시켜준다. (8초 간격, 발 바꾸어 실시한다.)
대퇴, 삼두근, 발목, 무릎.

무릎 올리기

1. 한쪽 무릎을 양 손으로 잡아 가슴쪽으로 당긴다.
2. 서 있는 다리의 무릎이 구부러지지 않도록 한다. (8초간격)
대둔근, 대퇴 이두근

한 손으로 머리, 어깨 쪽으로 당기기

1. 한 손으로 반대쪽 머리 옆부분을 어깨쪽으로 당긴다.
2. 8초 간격으로 반대쪽으로 실시.
3. 스트레칭부위 목, 승모근

몸통 비틀어주기

1. 양 발을 어깨 너비로 벌린다.
2. 양 팔을 교차하여 반대쪽 허리를 잡는다.
3. 몸을 비틀어 시선은 엉덩이를 본다.
스트레칭 부위 허리, 배.

깍지낀 손으로 등뒤로 넘기기

1. 발을 어깨 너비로 벌리고 선다.
2. 양 손을 깍지끼워 손바닥을 앞으로 향하게 한다.
3. 최대한 쭉 펴며 등도 약간 구부린다. (8초 간격)
4. 이어서 깍지낀 손을 뒤로 넘겨 최대한 앞으로 숙인다.
5. 대퇴, 삼두근, 발목,. 무릎.

머리 뒤쪽을 앞으로 당기기

1. 그림과 같이 머리 뒤쪽을 앞으로 당긴다.
2. 턱이 최대한 가슴까지 오도록 당긴다.
3. 8초 간격 실시. 스트레칭 부위 목.

몸통 뒤로 꺾기

1, 그림과 같이 양 팔을 어깨너비 로 벌리고 엉덩이를 바닥에 대고 앉는다.
2. 몸을 비틀 때 양 팔을 교차하여 바닥을 짚는다.
3. 무릎은 35도 정도를 유지한다.
4. 반대로 교차하여 각기 8초 간격으로 실시.
5. 스트레칭 부위 허리, 배 등.

양 팔 꺾어 몸통 앞으로 숙이기

1. 한쪽 다리는 펴고 다른 쪽은 무릎을 구부려 뒤꿈치가 엉덩이에 닿도록 한다.
2. 양 팔을 뻗어 몸과 같이 앞으로 숙인다.
3. 배가 허벅지에 닿도록 한다.
4.무릎과 허리는 편다. (8초 간격으로 발을 바꾸어 실시한다.
5.대퇴이두근.허리. 고관절.